A origem do significado

Walter Neves
Eliane Sebeika Rapchan
Lukas Blumrich

A origem do significado

Uma abordagem paleoantropológica

São Paulo
2025

1ª Edição, Cultura Didática, São Paulo 2020
2ª Edição, Editora Gaia, São Paulo 2025

Jefferson L. Alves – diretor editorial
Richard A. Alves – diretor-geral
Flávio Samuel – gerente de produção
Jefferson Campos – analista de produção
Bruna Izidora Caetano – assistente editorial
Danilo Barroso – projeto gráfico e capa
Naj Ativk/Shutterstock e Wikimedia Commons – imagens de capa
Equipe Editora Gaia – produção editorial e gráfica

Na Editora Gaia, publicamos livros que refletem nossas ideias e valores: Desenvolvimento humano / Educação e Meio Ambiente / Esporte / Aventura / Fotografia / Gastronomia / Saúde / Alimentação e Literatura infantil.

Em respeito ao meio ambiente, as folhas deste livro foram produzidas com fibras obtidas de árvore de florestas plantadas, com origem certificada.

Dados Internacionais de Catalogação na Publicação (CIP)
(Câmara Brasileira do Livro, SP, Brasil)

Neves, Walter
A origem do significado : uma abordagem paleoantropológica / Walter Neves, Eliane Sebeika Rapchan, Lukas Blumrich. – 2. ed. – São Paulo : Editora Gaia, 2025. – (Série Walter Neves)

ISBN 978-65-86223-76-7

1. Evolução humana 2. Homem - Origem 3. Origem da vida 4. Paleontologia 5. Terra (Planeta) - Origem I. Rapchan, Eliane Sebeika. II. Blumrich, Lukas. III. Título IV. Série.

25-266403 CDD-576.83

Índices para catálogo sistemático:
1. Origem da vida : Biologia 576.83

Cibele Maria Dias - Bibliotecária - CRB-8/9427

Obra atualizada conforme o
NOVO ACORDO ORTOGRÁFICO DA LÍNGUA PORTUGUESA

Editora Gaia Ltda.
Rua Pirapitingui, 111-A – Liberdade
CEP 01508-020 – São Paulo – SP
Tel.: (11) 3277-7999
e-mail: gaia@editoragaia.com.br

 grupoeditorialglobal.com.br  /editoragaia

 /editoragaia  @editora_gaia

 blog.grupoeditorialglobal.com.br

Nº de Catálogo: **4612**

A origem
do significado

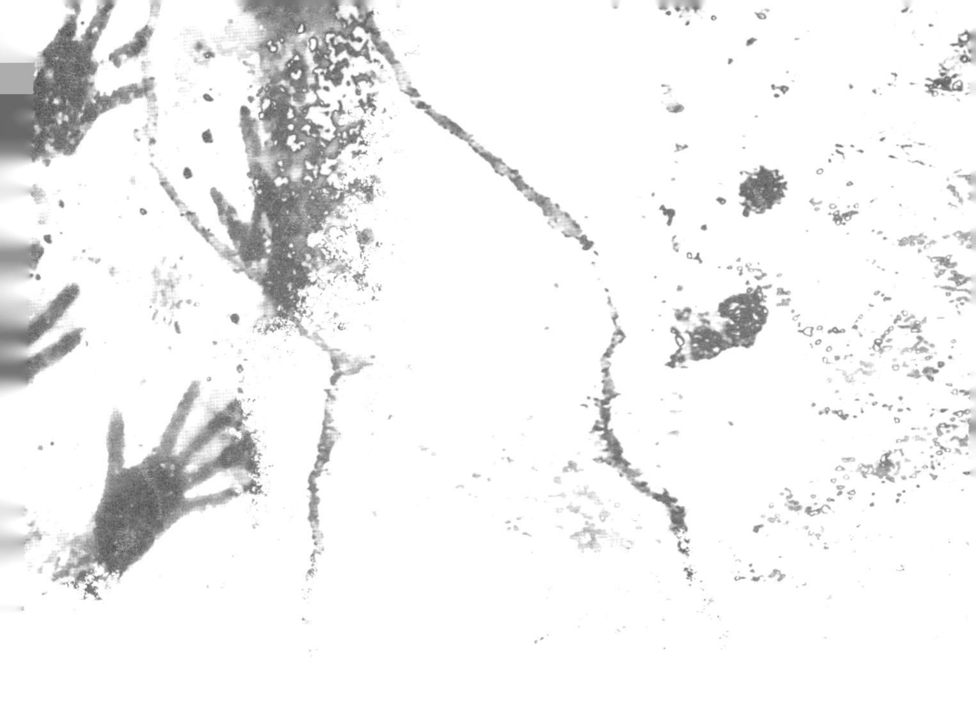

Este livro é dedicado a Francisco Mauro Salzano,
um gigante da ciência brasileira, *in memoriam*.

Sumário

Prefácio

Desde quando há no planeta algo que pode ser chamado humanidade?

Se a divisão entre um mundo humano e um mundo não humano parece natural em um primeiro momento, uma reflexão mais apurada logo demonstra que esse limite é pouco nítido. Uma maneira de possivelmente resolver esse impasse é olhar para o passado. Afinal, é mais fácil imaginar o mundo não humano como o mundo anterior aos seres humanos. Mas onde, precisamente, inserir essa linha? Em qual momento da história de nosso planeta surgiu essa característica difícil de ser estabelecida mas essencial para definir nosso lugar – a humanidade – no Universo?

Se existe um denominador comum para toda a cultura humana, em todos os lugares do planeta, é justamente esse sentido de humanidade. Para avançarmos nessa discussão, é necessário buscar uma definição. Surpreendentemente, apesar da infinitude de ciência e literatura produzidas nos últimos séculos, o conceito de humanidade permanece frágil e um tanto obscuro. Diversos critérios já foram propostos para separar o animal humano do animal não humano. No entanto, com o passar do tempo e o aprofundamento de nossos conhecimentos nas mais diversas áreas, esses critérios foram sendo descartados, à medida que foram identificados em outras espécies. A complexidade da organização social, por exemplo, é reconhecidamente uma característica de diversos insetos, pássaros e mamíferos, o que nos aproxima muito mais da regra que da exceção do mundo animal. O tamanho do cérebro deixou de ser considerado relevante pois crânios de outros hominínios revelaram tamanho semelhante ou maior que o nosso, e não há nenhum marcador estrutural que permita alguma diferenciação. Quanto à inteligência, o debate se torna muito mais subjetivo, e há pessoas que consideram, por exemplo,

que os moluscos são dotados de capacidade muito maior de adaptação ao meio que os humanos.

A única característica que resiste, atualmente, para nos separar do restante do mundo animal é nossa capacidade de criar significados. Entendemos a simbolização como a criação de narrativas para os fatos do mundo e a existência de uma vida interior, marcada, principalmente, pelo uso de objetos para além de seu valor prático imediato. A necessidade de criar um sentido para o mundo e para as coisas do mundo é o que nos define como humanos. As evidências dessa capacidade não são, de todo modo, incontestáveis. Considerando que a escrita surgiu muito recentemente na história de nossa linhagem, os registros paleoantropológicos são incapazes de demonstrar de modo inequívoco a existência de uma vida interior subjetiva daqueles que a produziram.

É nesse ponto, portanto, que se estabelece o trabalho e a importância fundamentais deste livro: discutir, pela primeira vez na literatura brasileira, os achados e as evidências para a capacidade de simbolização, tentando estabelecer, de maneira lógica e embasada, quando surgiu algo que possa ser chamado de "humanidade no planeta". Pretendemos fornecer nesta obra um levantamento detalhado das práticas possivelmente simbólicas dos hominínios, para fomentar discussões e auxiliar no avanço dos conhecimentos da Arqueologia brasileira. Ao final do volume, o caderno iconográfico apresenta as evidências relevantes dessas práticas, enriquecendo este estudo.

Não se pode esquecer, entretanto, que se trata de um tema em constante atualização. À medida que novos estudos são conduzidos, novas técnicas são desenvolvidas e novos sítios são escavados. Esperamos que este livro seja um ponto de partida para essa excitante jornada.

1

O que é ser humano?

Desde a segunda metade do século XX, o acúmulo de pesquisas sobre o comportamento de animais definidos como sociais[1] ou que apresentam um cérebro social[2], particularmente os primatas[3, 4], tem provocado um estrondoso impacto nas definições clássicas do humano. Em especial, os resultados obtidos sobre os monos (bonobos, chimpanzés, gorilas e orangotangos), selvagens ou cativos, têm abalado os alicerces do edifício no qual repousavam as certezas acerca das qualidades e atributos considerados exclusivamente humanos, alguns deles muito antigos e profundos no pensamento ocidental, como a concepção aristotélica de que só o ser humano é, por natureza, um animal social[5]. Além disso, destacam-se as descobertas paleoantropológicas do século XXI que nos permitem afirmar, atualmente, que as controvérsias sobre as raízes da humanidade remontam a um período entre 6 e 7 milhões de anos atrás[6, 7] e que nossos ancestrais dividiram o planeta – até muito recentemente, em termos de tempo evolutivo – com outros hominínios e antepassados dos monos contemporâneos.

Guardadas as devidas proporções, muitos dos abalos nas certezas relacionadas à singularidade humana advêm da busca por modelos sociais de comportamento que pudessem iluminar os fósseis. As frustrações decorrentes dessa busca talvez sejam tão antigas quanto as motivações para a pesquisa de indícios sobre os antepassados humanos. A dura e acertada crítica feita pelos antropólogos socioculturais aos modelos baseados em culturas de populações coletoras e caçadoras – nossas contemporâneas – como expressões do humano ancestral então supostamente concebido como primitivo, rústico e atrasado – entre o fim do século XIX e meados do século XX[8] – promoveu uma recusa lenta, mas definitiva[9], aos paradigmas embasados no Evolucionismo Sociocultural, no Difusionismo Radical e no

Determinismo Geográfico, bem como a consciência de que é um enorme erro metodológico propor que qualquer cultura humana contemporânea sirva de modelo ao modo de vida de nossos ancestrais.

As maiores fragilidades daqueles paradigmas repousam na ideia de que as culturas europeias seriam muito mais antigas – e superiores – do que as ameríndias, polinésias, africanas, asiáticas ou quaisquer outras, ideia fundamentada em um gradiente que abrangia de populações urbanas (consideradas as mais civilizadas), passando por sociedades agrícolas, pescadoras e pastoris (classificadas como medianas) e chegando às populações coletoras e caçadoras (declaradas as mais primitivas), na concepção de uma história universal válida para todos os humanos, cuja cultura teria se originado de um único grupo e se irradiado para todos os outros, bem como na suposição de que os fatores geográficos são determinantes isolados das características socioculturais[10-12].

Os defensores desses paradigmas participaram simultaneamente em favor de teses que defendem a monogenia ou a poligenia da espécie humana[13], dos debates acerca da ideia de raça e das disputas das explicações darwinianas ou lamarckianas da diversidade expressa em corpos e culturas humanas[8]. O avanço da pesquisa etnográfica e da percepção dos enormes limites e erros decorrentes das interpretações feitas sob bases eurocêntricas foram o argumento definitivo para os paradigmas fundados nessas ideias.

Contudo, esse processo, essencial para a constituição das bases da Antropologia Sociocultural, teve também uma consequência negativa, pois, lamentavelmente, ao longo do século XX, o fosso entre a Antropologia Sociocultural e a Biologia ampliou-se. São enunciadas algumas possíveis causas para isso, como a diferenciação entre as subdisciplinas, a resistência da Antropologia Sociocultural a perspectivas eminentemente materialistas ou utilitaristas e a recusa às explicações fundadas em bases biológicas da humanidade a partir do advento da cultura, que sinalizam as fronteiras controversas entre a Antropologia e a Biologia, bem como a grande dificuldade de diálogo[8]. Esse cenário parece ter se alterado um pouco nas últimas décadas, com base em iniciativas surgidas na Antropologia[14-36], na Filosofia da Ciência[37,38] e na Primatologia[39].

Entre 1911 e o fim da Segunda Guerra Mundial (1939-1945), predominava a ideia de que todos os fósseis de hominínios até então encontrados pertenciam a ramos da árvore evolutiva sem conexões diretas com a ancestralidade da espécie humana, incluindo os *Pithecanthropitecineos* de Java e da China, os *Neanderthais* da Europa e os *Australopithecineos* da África, o que ficou conhecido como o "paradigma da sombra do homem"[40]. Louis Leakey, no entanto, foi uma exceção do período, pois nunca abandonou sua obsessão por encontrar o berço da humanidade na África Oriental. Em 1932, ele anunciou que havia encontrado um autêntico remanescente do ancestral *Homo*, no sítio de Kanan, no Quênia, o *Homo kanamensis*[40].

Ao mesmo tempo, o problema da ausência de modelos sociais para explicar os fósseis continuava a alimentar a ansiedade dos paleoantropólogos, expressa particularmente por figuras como Leakey e Washburn.

Washburn, que tinha profundo interesse pela locomoção dos seres cujos fósseis já eram conhecidos desde 1936[41], identificou limites na análise biométrica para encontrar solução para o problema e buscou respostas na observação do modo de deslocamento de babuínos na então Rodésia do Sul, entre 1955 e 1957, incentivando seus alunos a irem a campo estudar babuínos selvagens[41], entre eles, o jovem antropólogo social William De Vore.

Leakey, por sua vez, passou o início da década de 1960 selecionando jovens mulheres, sem formação acadêmica em Antropologia, Biologia ou Psicologia. Seu objetivo era encontrar pessoas entusiasmadas e não formatadas pelos métodos e teorias dessas disciplinas, dispostas a fazer trabalhos de campo inéditos entre populações de chimpanzés, gorilas e orangotangos selvagens[42, 43]. Encontrou Jane Goodall, Biruté Galdikas e Diane Fossey, as *trimates*. Goodall foi pioneira na pesquisa sobre comportamento de chimpanzés selvagens na Tanzânia; Galdikas, sobre orangotangos na Indonésia; e Fossey, sobre gorilas da montanha[44].

A partir da década de 1960, a expansão crescente das pesquisas sobre monos ampliou os dados disponíveis sobre: bipedia; anatomia e habilidades sociais; e técnicas e cognição de não humanos associados à descoberta de diversidade intergrupal de comportamentos socialmente aprendidos no interior de uma mesma espécie, que muitos estudiosos chamam de "cultura"[45, 46]. Isso tem levado à sedimentação de mais argumentos em favor das semelhanças do que das diferenças entre humanos e outros seres vivos, monos em particular. Por vezes, isso acarreta generalizações imprecisas e algumas conclusões equivocadas – como aquela que diz respeito à habilidade de não humanos produzirem e reproduzirem cultura ser o indício de uma característica partilhada no processo evolutivo –, problema já sinalizado por alguns autores[32, 47, 48]. Foley e Gamble[49] estão entre as exceções que sugeriram um tratamento comparativo e analítico tanto de semelhanças quanto de diferenças. Contudo, a aproximação entre estudos sobre o comportamento de espécies distintas continua a constituir um campo de debates problemático e paradoxal, embora seus efeitos sugiram saldos positivos tanto para a Antropologia[18, 20, 25-29, 32, 47, 48, 50-54] quanto para a Primatologia[53, 55].

Assim, a Paleoantropologia segue em uma relação de aproximações e de afastamentos em relação aos modelos comportamentais baseados em monos[56, 57], sinalizando as limitações e recorrendo a eles quando não há melhor opção. Sob o peso das semelhanças, alguns cientistas têm, inclusive, proposto a reclassificação das espécies, como a que envolve a adoção do termo "hominoide" (*Hominoidea*) para classificar todos os monos e humanos em uma única superfamília surgida nos últimos 20 milhões de anos[58]. Aliás, para alguns[59], todos somos, tecnicamente, grandes primatas. Busca-se identificar tanto a semelhança filogenética embasada em dados obtidos por meio da Paleontologia e da Biologia Molecular[60] quanto as semelhanças comportamental e cognitiva[60-62], observadas em laboratório ou em trabalho de campo, alimentando os debates em favor da necessidade de redefinição do humano.

Muitos pesquisadores reconhecem que a aplicação de modelos de comportamento de grandes símios pode contribuir para compreender melhor certas habilidades e modos de vida dos hominínios[63-66]. Contudo, alguns destacam que fundamentar explicações sobre fenômenos como postura bípede, uso de ferramentas ou caça coletiva exclusivamente nos modelos obtidos a partir dos grandes símios é um erro metodológico, pois só é possível comparar e explicar diferenças entre seres evolutivamente muito próximos[65]. Assim, apesar da enorme semelhança genômica e até mesmo comportamental, o último ancestral comum partilhado por humanos, chimpanzés e bonobos deve ter vivido há mais de 7 milhões de anos[67].

As análises a seguir tratarão de características já consideradas exclusivamente humanas que foram desbancadas ou, ao menos, abaladas por pesquisas desenvolvidas sobre comportamento de monos e sobre fósseis da linhagem primata, humanos ou não. Em progressão crescente, desde a segunda metade do século XX, muitas certezas em Antropologia foram abaladas. A seguir, estabeleceremos diálogos com algumas descobertas impactantes da Primatologia e da Paleoantropologia, com o intuito de explorar um problema central: o que a Primatologia, a Paleoantropologia e a Antropologia Cultural, em conjunto, podem nos ensinar atualmente sobre o que sabemos a respeito da cultura. Isso implicará lidar, simultaneamente, tanto com a empiria da pesquisa e os aspectos descritivos e operacionais próprios dos conceitos das biociências, pautados em precisão, quanto com o cultivo consciente da complexidade e da multiplicidade de sentidos, presença constante na Antropologia Sociocultural, que assume que qualquer realidade é plural e multifacetada e que, portanto, o conhecimento que podemos produzir sobre ela não deve prescindir disso, inclusive recusando a cultura, em si e isoladamente, como um fator central para a compreensão dos coletivos humanos[68, 69].

É consenso que humanos são intrinsecamente culturais, mas não sabemos quando, onde ou por que a cultura se tornou algo tão relevante para a espécie humana. Essas, aliás, são questões evitadas pela Antropologia Sociocultural, pois constituem incômodas aproximações com o Evolucionismo.

Bipedia

A bipedia, a redução dos caninos e o tamanho do cérebro constituem o conjunto de características mais analisado em relação ao processo de hominização e explorado desde os mais antigos *Sahelanthropus tchadensis*[6], *Orrorin tugenensis*[70] e *Ardipithecus ramidus*, o "Ardi"[7], datados, respectivamente, em aproximadamente 7, 6 e 5 milhões de anos e sobre os quais pairam dúvidas acerca de sua participação na linhagem hominínia, uma vez que têm características tanto de humanos quanto de monos[71]. Nessa direção, o fóssil do *Danuvius guggenmosi*, de 11,62 milhões de anos, recentemente encontrado na Alemanha[72], corresponde a um ser cujo corpo combina adaptações para a bipedia e para o movimento suspensório em troncos de árvores, sugerindo um modelo para o ancestral comum entre humanos e monos, o que "borra" mais uma vez as fronteiras que nos separam de nossos parentes mais próximos, sinalizando que a bipedia pode ter precedido a linhagem hominínia.

Há aproximadamente 2 milhões de anos, a história evolutiva da linhagem *Homo* voltou a manifestar a preferência pela seleção de características como cérebros maiores[73,74]. A bipedia estrita[75] e um alto consumo de carne[76,77] também coincidem com esse processo. Dezenas de modelos da história e das vantagens evolutivas da bipedia para os humanos foram construídos desde a década de 1960. De modo geral, argumentava-se que a bipedia ofereceu aos nossos antepassados algumas vantagens, como a redução de aproximadamente 60% da incidência solar sobre nosso corpo, a redução de energia para a locomoção, a ampliação dos intervalos para forrageamento e a possibilidade de exploração de outros nichos, como ambientes mais áridos e abertos[78]. Ao mesmo tempo, a bipedia também teria exigido do cérebro um controle muscular maior para a locomoção, reduzido a temperatura cerebral, liberado plenamente as mãos, favorecendo a ampliação da percepção sobre o ambiente natural e social, visto que os hominínios passaram a poder se observar "cara a cara"[78]. Todos esses modelos operavam a partir da presunção de que os primeiros bípedes viveram na savana africana. As descobertas do *Danuvius*, do *Sahelanthropus*, do *Orrorin* e de Ardi, que viveram em florestas e franjas de matas nos arredores de lagos, mudaram completamente o cenário e colocaram em xeque os modelos que associam o surgimento da bipedia à vida em ambientes de savana.

Em termos de escolhas de modelos vivos para a evolução da bipedia dos hominínios, os bonobos e os chimpanzés são os preferidos. É parte do senso comum a ideia de que os bonobos sejam mais habilitados para a bipedia do que os chimpanzés. Foram testadas hipóteses relativas à validade desse modelo, observando bonobos e chimpanzés em cativeiro. Os resultados mostram que não há diferenças significativas quanto à bipedalidade entre essas espécies nos quesitos de comportamento, postura e locomoção.

Contudo, os chimpanzés adotam com mais frequência a bipedia como *display*, e os bonobos assumem mais comumente a postura bípede para transporte e vigilância. É importante lembrar que o *display* é um comportamento típico da dominância masculina entre chimpanzés e se manifesta por meio de locomoção bípede agressiva, ereção dos pelos e vocalização[80]. Por sua vez, o transporte de comida e outros objetos está associado à bipedia porque ocupa as mãos e ocorre em trajetos curtos[81], e a vigilância é mais frequente entre bonobos adultos do que entre filhotes pequenos e juvenis[79]. Por fim, formas de locomoção que envolvem mais riscos, o que inclui a bipedia, são mais comuns entre machos bonobos adultos do que entre fêmeas que levam bebês agarrados à barriga[81].

A preferência pelo uso das mãos associada à lateralidade corporal é uma característica que se manifesta intensamente em humanos[83]. No entanto, o uso das mãos associado a uma grande habilidade na realização de tarefas complexas usando ferramentas também é verificado entre primatas não humanos[83-85]. Além disso, os fósseis do *Australopithecus sediba*, encontrados na África do Sul[86] e datados entre 2 e 3 milhões de anos atrás, e os fósseis encontrados em Dmanisi, na República da Geórgia, datados de 1,75 milhão de anos[87], indicam a presença de mãos suficientemente flexíveis para fabricar e usar ferramentas. Ressalta-se que o uso das mãos para manipular ferramentas não implica, necessariamente, a postura bípede, pois pode-se fazer isso na posição sentada.

Diante das habilidades de chimpanzés e de humanos com ferramentas e da bipedia rara entre os monos[88], Braccini e seus colegas resolveram partir das controvérsias acerca dos diferentes graus de lateralidade associados a primatas não humanos e decidiram realizar experimentos com chimpanzés, em laboratório, em três situações: 1) uso de ferramentas que demande postura ereta; 2) uso de ferramenta que não demande postura ereta; e 3) uso de ferramenta que pode ser feito na posição sentada[89]. Os resultados obtidos fortalecem a hipótese de que a postura bípede reforça a preferência pelo uso das mãos no manuseio de ferramentas. Contudo, a bipedia não é pré-requisito para isso. Considerando que primatas não humanos têm pés hábeis para, por exemplo, prender e segurar, ferramentas cujo uso não obrigue a posição ereta podem ser facilmente usadas com os pés. Segundo os autores, os resultados obtidos sugerem uma correlação entre a bipedia, o uso de ferramentas e a lateralização, ocorridos no processo evolutivo que resultou nos humanos modernos.

Os resultados obtidos com bonobos por Bardo e associadas[90] indicam que, independentemente da postura corporal adotada, quanto mais complexa a tarefa a ser executada, mais pronunciada é a lateralização dos movimentos. Ou seja, para essas pesquisadoras, a bipedia parece influenciar menos do que o estímulo dirigido a diferentes regiões do cérebro, motivados pela realização de ações complexas. Por essa via de raciocínio, a ampliação da inteligência entre monos seria profundamente correlacionada ao estímulo e ao desenvolvimento e estaria, portanto, menos associada à bipedia e mais aos desafios postos pela realização de tarefas que demandem superação de dificuldades.

Uma comparação recente entre os mecanismos acionados pela bipedia plena humana e a postura ereta combinada com a caminhada quadrúpede de outros primatas[91] demonstra que as diferenças entre ambas são grandes. Diante disso, a conclusão provisória que se pode adotar é que, em que pesem as diferenças entre os modos de locomoção disponíveis para humanos e os outros primatas, para ambos, a realização de tarefas complexas parece estar fortemente relacionada ao óbvio aprimoramento da destreza manual articulado à mobilização de certos aspectos centrais da inteligência, cujo estímulo e desenvolvimento ocorrem nos primeiros anos de vida. Também parece estar relacionada a uma rede de cuidado e dinâmicas sociais profundamente enraizadas na linhagem dos mamíferos[53, 54]. Ou seja, a ausência da bipedia estrita entre os monos não limita o desenvolvimento da inteligência associado à motricidade e à realização de tarefas complexas.

Por outro lado, a habilidade para confeccionar e usar artefatos culturais – associados a um conceito, diversos em forma, função e matéria-prima; e distinguidos, personalizados ou decorados – está associada a um uso sistemático das mãos, que, diferentemente das mãos rígidas e fortes dos monos e de alguns de nossos antepassados, eram usadas de modo constante e alternado para deslocamento e manuseio de ferramentas. As mãos dos humanos são órgãos mais frágeis, porém, muito mais flexíveis.

Em síntese, a proposição vigente desde Charles Darwin acerca da distinção da linhagem humana em relação a outros seres, contemporâneos ou antepassados, fundamentada na bipedia, e em todos os fatores associados ao bipedalismo, como as adaptações esqueletais para andar regularmente sobre dois pés[92], não se sustenta mais. Isso se deve, em parte, às pesquisas mencionadas que demonstram a desassociação entre bipedia, destreza manual e desenvolvimento cognitivo entre bonobos e chimpanzés, por exemplo, sugerindo que, mesmo sem bipedia plena, os monos têm habilidades motoras e cognitivas para uso de ferramentas e manipulação de objetos.

Há, ainda, um aspecto fundamental na derrocada do pressuposto darwiniano: a bipedia ocorre em hominínios com cérebros extremamente pequenos. A expansão das descobertas fósseis, também tratadas nesta seção, sugere que a bipedia pode ser uma característica muito mais antiga do que se supunha, há distantes 11,6 milhões de anos, em um antepassado compartilhado por humanos e todos os outros monos, o *Danuvius guggenmosi*.

Algumas características necessárias para a bipedia sugerem que o *D. guggenmosi* seja atualmente nosso melhor modelo sobre a evolução da bipedia[92]. Isso porque os fósseis encontrados do *D. guggenmosi* apresentam três aspectos relevantes: 1) seus membros anteriores são adequados à vida nas árvores, iguais a todos os monos vivos e também aos primeiros hominínios; 2) seus membros inferiores são habilitados a posturas alongadas iguais àquelas que observamos nos orangotangos quando estão em árvores; e 3) posteriores especializações dos membros inferiores tornaram o bipedalismo terrestre possível[92]. Assim, partilhamos com nossos parentes mais próximos as características que produziram as formas de locomoção verificadas tanto em humanos quanto em bonobos, chimpanzés, gorilas e orangotangos, e que se especializaram e se diferenciaram em diferentes formas de movimento.

Cérebro grande

Há décadas, pesquisadores têm acumulado dados e consolidado observações que identificam, entre todos os primatas, uma relação direta entre inteligência social, capacidade para inovação e aumento do tamanho do cérebro[93]. Em contrapartida, Zihlman e Bolter[57] relembram, para analisar as transformações evolutivas ocorridas na formatação do corpo humano, que o cérebro do *Homo sapiens* (1 100-1 550 cm^3) é, em média, três vezes maior do que o cérebro dos chimpanzés (275-420 cm^3). Contudo, considerando os coeficientes de encefalização (CE), ou seja, a relação entre o tamanho do cérebro e o tamanho corporal, nossos parentes mais próximos são os seres vivos com os maiores CEs depois dos humanos. O aumento do volume cerebral de nossos ancestrais mais próximos também está associado ao consumo de carne[77].

Além disso, até recentemente, pensava-se que os humanos só deixaram seu berço africano quando já tinham cérebros grandes (entre 850 e 1 250 cm^3), alta estatura, bipedia estritamente terrestre e domínio tecnológico de fabricação de ferramentas líticas acheulenses. Ou seja, a saída da África teria sido promovida pelo *Homo erectus*, que viveu entre 1,8 milhão e 100 mil anos atrás.

Entretanto, ferramentas encontradas na China[94] e na Jordânia, datadas de 2,1 a 2,5 milhões de anos, respectivamente, indicam que, em nossa linhagem, existiram seres com cérebros relativamente pequenos (menores que 750 cm^3) que fabricaram e usaram ferramentas líticas. Assim, o fator cérebro pequeno – que, aliás, já serviu como critério para distinguir humanos de não humanos[95] – não só aparece na linhagem humana, como também em antepassados ferramenteiros e em outros primatas. O que sabemos a respeito desses indivíduos é que eles não só fabricavam ferramentas olduvaienses[96] como também enfrentaram os desafios associados a viver em ecossistemas até então inexplorados por homininios, por serem lugares constituídos por flora, fauna, terreno, relevo, litoral e hidrografia distintos tanto das florestas tropicais e equatoriais quanto das savanas que seus antepassados conheciam.

Assim, diante desse imbróglio, é importante lembrar a síntese de Rutherford[97], segundo a qual, apesar de haver consenso de que o tamanho do cérebro é indispensável para existirem comportamentos complexos, nenhum índice – como tamanho absoluto, densidade, CE ou número de neurônios – destaca os humanos como os donos da absoluta superioridade intelectual no planeta, pois encontramos indícios que permitem comparações satisfatórias tanto em relação aos nossos ancestrais quanto em relação aos monos e a não primatas. Ainda assim, a associação entre cérebro capaz de resolver problemas, uso das mãos e habilidades relacionadas ao aprendizado social – características selecionadas no processo evolutivo dos homininios – corresponde à articulação entre qualidades que integram inteligência, habilidades motoras, centralidade da vida coletiva e aprendizado social, que se manifestam em um arranjo único nesse grupo, caracterizando-os, em conjunto, como seres hábeis e inteligentes que dependem da coletividade para existir e para aprender a viver e a sobreviver.

Ao mesmo tempo, apesar de dispormos de dados sobre a anatomia do cérebro de humanos e de chimpanzés modernos, bem como de um número representativo de fósseis de hominínios, ainda há enormes lacunas acerca da estrutura, da organização e da evolução de nosso cérebro. O que temos são alguns modelos.

A revisão teórica de MacLean[98] demonstra que, apesar do reconhecimento de que a cognição humana é única, uma análise cuidadosa dos processos evolutivos com o objetivo de descobrir como, quando e por que os humanos comportamentalmente modernos evoluíram nessa direção revela a existência de homologias e de analogias entre aspectos fundantes da psicologia de humanos e das habilidades de não humanos.

MacLean[98] conclui, com base em resultados de pesquisa sobre relações entre habilidades cognitivas e participação na vida social, que monos e outros primatas não humanos são agentes intencionais[99], o que pode ser afirmado a partir da revisão das muitas controvérsias a respeito de não humanos apresentarem, ou não, a chamada "teoria da mente", uma habilidade que implica representar ou associar estados mentais distintos no outro, como ideias, desejos, motivações e sentimentos[100-102]. Resultados experimentais de pesquisa têm demonstrado que primatas não humanos acessam e podem se valer de informações obtidas de outros, e que isso afeta sua percepção, conhecimento, intenções e estratégias[103]. No entanto, não há evidências de que chimpanzés consigam acessar crenças ou desejos de outros[103]. Ambas as expressões, aliás, manifestam-se no domínio do simbólico.

Além disso, dados recentes também permitem questionar a hipótese da chamada "inteligência maquiavélica"[104, 105]. Conforme essa hipótese, situações de competição estimulam mais a flexibilidade cognitiva de primatas do que situações cooperativas. MacLean[98] enuncia resultados que demonstram o contrário para certos primatas. Por exemplo, bonobos têm melhor resposta cognitiva que os chimpanzés em condições pró-sociais e cooperativas[106-108]. Ao mesmo tempo, tanto bonobos quanto chimpanzés são suscetíveis à influência dos outros membros do grupo. Em ambas as espécies, os resultados de pesquisa indicam que outros membros do grupo influenciam o comportamento individual na resolução de impasses sociais, bem como em situações de colaboração, de troca e de partilha. Esses resultados sinalizam que o adensamento das habilidades cognitivas dos monos está fortemente associado à sua complexidade social e difere apenas em grau das habilidades humanas[98].

Em outra pesquisa[109], foi explorada a hipótese de haver coevolução entre os fatores tamanho do cérebro, vida social complexa, longevidade (particularmente da vida reprodutiva) e inteligência "cultural" entre primatas. Em que pese nossa intenção de problematizar o uso do termo "cultural" para tratar de atributos de primatas não humanos, como faremos a seguir, a hipótese explorada por Street *et al.*[109] concorda com nossas observações sobre a articulação consistente entre encefalização e vida social complexa na história evolutiva dos monos e de nossos antepassados homininios.

A partir da aplicação de métodos comparativos filogenéticos na análise conjunta do tamanho do cérebro, da longevidade reprodutiva e da sociabilidade complexa, a equipe mencionada se perguntou por que os primatas variam tanto em relação aos índices de expressão de aprendizado social. Os maiores índices obtidos na correlação apontam para os gêneros *Cebus, Pongo, Pan* e *Gorilla*. Ou seja, justamente os monos e os *Cebus*, a única outra espécie de primata conhecida que usa ferramentas líticas[110, 111]. Street *et al.*[109] concluem que o prolongamento do período reprodutivo está diretamente relacionado a um alto investimento materno em espécies cujo cérebro grande e vida social intensa são características dominantes.

Além do tamanho global do cérebro, o córtex pré-frontal recebe enorme atenção de pesquisadores porque está associado à fala, à memória[112], à imaginação sobre o futuro e à tomada de decisões complexas. Tais profundidades estimulam investigações comparativas entre o córtex de humanos e de outros seres vivos. A expansão do córtex pré-frontal foi associada a processos evolutivos e foi verificada sua associação com fatores cognitivos relacionados à execução de tarefas entre humanos e grandes símios[113], o que favorece a abordagem das relações entre inteligência e habilidades manuais para cada espécie, em especial, para o uso de ferramentas, como já mencionado na seção anterior.

Assim, em síntese, podemos constatar que ter cérebro grande, algo que já foi um atributo associado exclusivamente aos humanos, também não é uma característica que nos distingue de outras espécies. Isso porque, comparativamente, os fósseis encontrados do *Homo neanderthalensis* na

Eurásia nos informam que esse nosso parente, extinto há aproximadamente 39 mil anos[114], tinha um cérebro bem maior que o nosso, variando de 1 200 a 1 700 cm^3, aproximadamente 10% superior às médias dos humanos comportamentalmente modernos. Ao mesmo tempo, os exemplos já mencionados das ferramentas líticas encontradas na China e na Jordânia estão associados a ferramenteiros com cérebros, em média, menores que 750 cm^3. Por fim, os cérebros de monos, bonobos (aproximadamente 411 cm^3), chimpanzés (de 275 a 500 cm^3), gorilas (de 340 a 752 cm^3) e orangotangos (de 275 a 500 cm^3) não impedem que esses nossos parentes tenham habilidades motoras, sociais e cognitivas comparáveis às humanas. Assim, a presença de um cérebro grande deixou de ser um traço distintivo da espécie humana, seja porque descobrimos que temos parentes com cérebros maiores, seja porque temos parentes com cérebros menores aos quais não faltam inteligência, nem capacidades.

Fabricação e uso de ferramentas

Apesar de o uso de ferramentas ser relativamente comum entre outros animais – como corvos[115], golfinhos-nariz-de-garrafa[116], elefantes[117], orangotangos[118], gorilas[119], lontras-marinhas e alguns outros animais aquáticos[120], polvos[121], macacos-prego[122] e roedores[123] –, ferramentas líticas são usadas por um grupo mais seleto. Aqueles que usam ferramentas líticas de modo espontâneo e rotineiro, identificados atualmente, são os humanos[124-129], os chimpanzés[130] e algumas populações de macacos-prego (*Sapajus libidinosus*)[110, 111] e de macacos birmaneses selvagens de cauda longa (*Macaca fascicularis aurea*) que vivem em Piak Nam Yai, na Tailândia, e em outras ilhas vizinhas[131]. Mas os humanos são a única linhagem que se tornou plenamente tecnológica, nossas ferramentas são extensões de nosso corpo[132, 133].

Os chimpanzés são considerados os ferramenteiros não humanos mais sofisticados[134]. Estudos sistemáticos sobre uso de ferramentas por bonobos selvagens ainda são muito recentes, por isso há muitas inconsistências nos dados sobre o assunto[83]. Em cativeiro, há uma distribuição homogênea por espécie quanto ao uso de ferramentas tanto por chimpanzés quanto por bonobos; contudo, enquanto machos e fêmeas bonobos usam igualmente ferramentas, essa equivalência sexual não é verificada entre chimpanzés cativos[134].

O uso de ferramentas líticas por chimpanzés, registrado pela primeira vez por Goodall na década de 1960[40], serviu para a elaboração de modelos empregados para elucidar certos aspectos do material fóssil de nossos antepassados. Ainda na mesma década, Lancaster[135] reconheceu que muitos antepassados humanos, com cérebros relativamente pequenos, mas com mãos especializadas, particularmente o polegar, usaram intensivamente ferramentas. Sobre esses hominínios que viveram no Pleistoceno Inferior há 2,5 milhões de anos, Lancaster afirmou o mesmo que a primatóloga Goodall havia observado nos chimpanzés da Tanzânia, ou seja, que o humano não é o único primata a usar ferramentas.

A fabricação e o uso de ferramentas líticas recebem atenção especial dos pesquisadores porque há uma série de características, comportamentos e habilidades associados a elas, que são consideradas importantes tanto para a Paleoantropologia e para a Arqueologia quanto para a Primatologia, como a durabilidade, a dificuldade de fabricação e a dispersão das peças. Esses fatores são importantes porque favorecem a obtenção de registros fósseis na pesquisa paleoantropológica, uma vez que as ferramentas líticas são muito mais propensas a se tornarem fósseis do que qualquer outro indício orgânico, ao mesmo tempo que permite o desenvolvimento da Paleoprimatologia[136, 137].

Os artefatos líticos são também indícios relevantes para os estudos sobre cognição, inteligência e influências ecológicas. O uso de bigornas e martelos de pedra por macacos-prego não é disseminado por toda a espécie[31, 138, 139]. Dos Santos[139] sugere a influência de fatores ambientais sobre o desenvolvimento (ou sobre sua ausência) de certas habilidades técnicas entre macacos-prego, apesar de o movimento repetitivo de socar ou bater, essencial para a eficácia no uso de ferramentas líticas, ser verificado em todos os indivíduos.

Outro dado importante remete à antiguidade do uso de ferramentas líticas por chimpanzés e macacos-prego selvagens. Na Serra da Capivara (Piauí, Brasil) foi encontrado o mais antigo, que data entre 2400 e 3000 anos, e indica o uso de ferramentas de pedra por não humanos fora da África[140]. Os mais antigos sítios de chimpanzés encontrados na África até o momento têm entre 1,3 e 4,3 milhares de anos e localizam-se na Costa do Marfim[141].

Nessa direção, a pesquisa de Haslam[142] é relevante porque reúne dados sobre o uso de ferramentas para comparar o último ancestral comum entre chimpanzés, bonobos e humanos, que teria vivido no início do Mioceno, há 7 milhões de anos. Segundo ele, estimativas moleculares da demografia durante a evolução do gênero *Pan* indicam que esse ancestral comum usava ferramentas feitas de plantas para sondagem, como *display* e com a função de esponjas, mas não usava ferramentas líticas.

Enquanto o uso de ferramentas líticas por chimpanzés deve ter surgido na costa ocidental da África (região da atual Guiné, Costa do Marfim e Libéria) entre 150 e 200 mil anos atrás[142], os primeiros registros de uso de ferramentas líticas por hominínios remontam ao Plioceno, entre populações da África Oriental. Os novos parâmetros são relevantes para tratar do uso de ferramentas na história evolutiva da ordem dos primatas. Por exemplo, o ancestral comum partilhado por humanos e monos não usava ferramentas líticas, e o desenvolvimento dessa habilidade deu-se independentemente em ambas as espécies[142]. Ou seja, há analogia, mas não há homologia em relação à emergência dessa habilidade técnica entre essas espécies primas. Em outras palavras, apesar das semelhanças surpreendentes, as habilidades de humanos e de chimpanzés com ferramentas líticas têm histórias evolutivas distintas.

Apesar disso, a relevância do papel social em ambos os casos parece indiscutível. O uso de ferramentas relaciona-se profundamente com a expansão da inteligência e com o aprendizado social, por ser uma habilidade aprendida. Isso aproxima fatores como condições favoráveis para aprender, desenvolvimento de inteligência e habilidades sociais, e indica forte correlação entre processos físicos e sociais. Desse modo, os fatores sociais e as habilidades dos indivíduos para viver em grupo emergem como indicíos que, simultaneamente, aproximam e distinguem humanos e monos, considerando seus produtos tanto distintos quanto semelhantes.

É nesse sentido que se explica a ausência de registros de uma linhagem, a não ser os humanos, que fabrique ferramentas líticas. Há a hipótese de que os primeiros hominínios fabricantes de ferramentas provavelmente associavam formas de comunicação verbal e linguagem gestual ao processo de aprendizagem para produzir ferramentas líticas, de modo eficiente e ao longo de gerações, reproduzindo padrões reconhecidos por pesquisadores do mundo todo, como é o caso da indústria olduvaiense[143].

Entretanto, a indústria olduvaiense tem outras características. Uma delas é que a fabricação de ferramentas não obedece a uma concepção abstrata ou a um conceito; as ferramentas são produzidas para atender a uma necessidade premente. Ao mesmo tempo, apesar da extensa difusão e da longa duração do uso de ferramentas olduvaienses, essa indústria caracteriza-se por ser muito estável; as transformações foram muito lentas e, por muito tempo, o número e a variedade de ferramentas usadas foi muito restrito.

Essa percepção pode ser reforçada ao se observar as ferramentas de Lomekwi (datadas em 3,3 milhões de anos)[144] e também as primeiras ferramentas do período olduvaiense, bem como as ferramentas usadas por chimpanzés selvagens ou pelos macacos-prego na Fazenda Boa Vista (Projeto Ethocebus) e na Serra da Capivara, mencionadas anteriormente. Em todos esses casos, pode-se observar que essas ferramentas líticas expressam a extrema simplicidade, o pequeno número de variações e a grande estabilidade das formas ao longo do tempo. Talvez essas características sejam indícios de baixa fidelidade nos processos de transmissão social da técnica. Por sua vez, a sofisticação da indústria acheulense (existente entre 300 mil e 1,7 milhão de anos atrás) talvez seja indicativa da disponibilidade de meios mais efetivos para a partilha de conhecimento, decorrentes de formas de transmissão capazes de favorecer a reprodução tecnológica a partir de índices mais altos de fidelidade.

A prevalência da capacidade humana para fabricar e usar ferramentas foi um critério distintivo dos humanos em relação a todos os outros seres vivos, até a década de 1960. Como já apresentado, a capacidade para usar ferramentas líticas não se estende apenas aos antepassados humanos que viveram há 3,3 milhões de anos como também é verificada entre monos e macacos-prego. Ou seja, como afirmou Louis Leakey há quase 60 anos, diante dos relatos de Jane Goodall que descreviam os chimpanzés de Gombe, Tanzânia, usando ferramentas: ou teremos de mudar a definição de ferramentas ou teremos de mudar a definição de humano[42, 43].

Portanto, não é mais possível sustentar que os humanos comportamentalmente modernos sejam os únicos seres vivos no planeta a usar ferramentas, mesmo considerando o restrito conjunto de seres que usam ferramentas líticas. Isso porque os chimpanzés selvagens são hábeis e frequentes usuários de ferramentas. Os bonobos selvagens raramente usam ferramentas, nunca para forrageio[145]. Observando as motivações intrínsecas (que os pesquisadores definem como "predisposições"), verificou-se que, apesar de elas serem distintas entre as duas espécies[145], ambas apresentam inegáveis habilidades para usar ferramentas. Os macacos-prego, da mesma espécie, usam ferramentas líticas motivados por fatores extrínsecos (ecológicos e relacionados a oportunidades sociais).

Contudo, em nenhum caso há evidências de que qualquer um desses primatas fabrique intencionalmente as ferramentas líticas que usa; em vez disso, selecionam entre os materiais disponíveis aquilo que pode exercer a função necessária. Ou seja, as atividades relacionadas à escolha do material, às sucessivas ações de transformação da rocha bruta até chegar ao resultado desejado e, eventualmente, o planejamento necessário para o transporte desses objetos – que custaram tanto investimento em termos de consumo de tempo e de calorias – não fazem parte do conjunto de atividades que esses primatas são capazes de executar.

Por outro lado, a fabricação de ferramentas líticas é prática bastante antiga entre os ancestrais humanos e remonta às ferramentas de Lomekwi, e isso não anula as habilidades das outras espécies para usar ferramentas, portanto usar ferramentas não é um atributo exclusivamente humano. Por outro lado, só temos indícios de fabricação intencional de ferramentas líticas em nossa linhagem, mas muito antes de haver no planeta algo que poderíamos chamar de humanos.

Complexidade social

A necessidade de interação social também já foi defendida como uma característica exclusivamente humana. Contudo, atualmente sabemos que a tendência evolutiva à sociabilidade também se manifesta na maioria dos mamíferos[53, 78]. É predominante na linhagem primata, na qual se expressa com enorme diversidade[146] e é resultante da associação entre fatores como ecologia, dinâmica grupal, demografia, filogenia e histórias de vida singulares[147]. Entre os monos, a complexidade social dos primatas tem sido objeto de estudo intenso, particularmente entre os chimpanzés[148, 149] e os bonobos[3, 106, 149, 150].

Todos os mamíferos são capazes de reconhecer o grupo ao qual pertencem e de estabelecer relações com seus pares, mas apenas os primatas podem dar atenção às relações das quais não participam diretamente. Tomasello apresenta uma lista de características sociais já identificadas em todos os mamíferos[151]: reconhecimento da individualidade dos membros do grupo, com relações diretas baseadas em parentesco; amizade e dominação; previsão do comportamento individual com base em estados emocionais e direção de locomoção; uso de vários tipos de estratégias sociais e comunicativas para ampliar o acesso a recursos valiosos; cooperação na solução de problemas e na formação de coalizões e alianças; e participação em várias formas de aprendizado social.

Todo esse conhecimento acumulado sobre a complexidade social dos monos é resultado de um trabalho intenso, iniciado há 60 anos. É relevante apresentar aqui a história desse processo, pois ela expressa etapas e superações que ilustram as mudanças de concepção relacionadas à exclusividade humana no quesito das habilidades sociais. Desde a publicação dos primeiros resultados de estudos sobre o comportamento de chimpanzés em seus hábitats africanos originais, na década de 1960, temos acesso a informações cada vez mais surpreendentes. No entanto, as estruturas organizacionais dos grupos de chimpanzés apresentaram-se, simultaneamente, como um grande desafio e como um marco fundamental: identificá-las significava um grande avanço na pesquisa, mas elas apareceram aos pesquisadores, no início, como algo ausente ou ininteligível. Foi o pesquisador japonês Toshisada Nishida quem propôs um modelo para explicar a sociedade chimpanzé, que ele chamou de "unidade-grupo" (*unit-group*), rebatizado de "comunidade" (*community*) pelos primatólogos ocidentais[152]. Ao equacionar a dinâmica social dos chimpanzés a partir do princípio da fusão-fissão, Nishida ofereceu aos pesquisadores condições para a busca de evidências da existência de organização social[153].

A partir de 1970, alguns pesquisadores começaram a verificar e a avaliar a importância do ambiente no comportamento e conseguiram identificar novos elementos da estrutura coletiva dos chimpanzés. Havia uma forte preocupação em descobrir se fatores ecológicos determinavam aspectos da vida social ou se havia graus significativos de independência. Apesar de essa preocupação ter se mostrado um falso problema, a sensibilidade da Primatologia para o meio resultou pesquisas relevantes sobre as práticas de forrageio[154], a exploração da diversidade dos recursos naturais que são transformados em objetos (caules flexíveis de plantas são cortados e tornam-se varas de "pescar" cupins; folhas flexíveis e macias se transformam em luvas, almofadas, sandálias etc.; e pedras com determinados formatos tornam-se cunhas ou machados)[155] e a identificação de diversidade intergrupal no uso de plantas com fins medicinais[156, 157].

À época, defendia-se que a organização dos chimpanzés selvagens se baseava em comunidades defendidas por machos, que nelas nascem e permanecem, enquanto a migração de fêmeas de sua comunidade natal seria a prática mais comum. Segundo os pesquisadores, isso explicaria o fato de os vínculos sociais entre os primeiros serem mais fortes que os das últimas[152]. Posteriormente, Goodall percebeu que fêmeas também estabeleciam vínculos estáveis e prolongados, particularmente com a sua prole. Registrou também que fêmeas com alto *status* repassam-no a seus filhotes, fêmeas e machos, o que pode beneficiá-los socialmente. Os machos ganham pontos em sua escalada para a posição de alfa, ao passo que as fêmeas alcançam a possibilidade de permanecerem no grupo que nasceram, em vez de migrarem para outro grupo durante o primeiro estro.

Entre as décadas 1980 e 1990, acumularam-se registros sobre a diversidade de comportamento entre as populações de chimpanzés africanos[158]. Boesch, Stanford, Wallis, Mpongo e Goodall identificaram variações nos estilos de caça[152]. Chapman, White e Wrangham observaram distinções entre a ecologia da alimentação em grupos diferentes[152]. A partir daquele período – muitos pesquisadores atribuem a isso o aumento do número de mulheres dedicadas à Primatologia[44, 53, 159, 160] –, percebeu-se, também, a variabilidade no comportamento entre sexos[152]. A partir de então, novos aspectos do comportamento de chimpanzés têm sido relatados periodicamente, como o reconhecimento visual entre mãe e filhote[161], o cuidado parental[53], as práticas de infanticídio[53, 162], as estratégias de reprodução[53] e as relações entre fêmeas, filhotes, irmãos e o restante do grupo[53, 163].

O desenvolvimento de estudos comparativos[164] e a padronização dos procedimentos de campo[165] têm oferecido argumentos para que primatólogos apresentem, defendam e valorizem os fenômenos relacionados ao comportamento de chimpanzés em particular, e de primatas de modo geral, pela via da complexidade geral, da variabilidade intergrupal e da estabilidade intragrupal dos comportamentos[42, 150, 158, 163, 165-170]. Ou seja, cada grupo social é único em sua complexidade comportamental. Existem também padrões repetidos[155], mas os arranjos coletivos de cada população são únicos e originais[171].

Sabe-se hoje que ameaças a um grupo de chimpanzés – proporcionadas por secas, desmatamento, uso de pesticidas agrícolas, guerras civis ou caça predatória – correspondem à possibilidade de desaparecimento de formas únicas de vida coletiva. Os argumentos atuais em defesa dos chimpanzés não se restringem à defesa da espécie, mas estão voltados também à defesa de cada grupo e de cada chimpanzé como formas únicas de vida e de comportamento. Os registros sobre histórias de vida, em Gombe, iniciados por Goodall e produzidos até hoje, documentam essa singularidade. Esse risco de extinção também é presente em relação a outros monos, como os gorilas da montanha e os orangotangos de Bornéu.

As comparações entre os grupos de chimpanzés possibilitaram também a definição de variações, padrões e permanências, de grupo a grupo, com relação a fenômenos como o *grooming*[172], comportamento importantíssimo na dinâmica das relações sociais que é modulado para cada tipo de situação e posição no interior do grupo[173].

Além disso, o debate sobre os graus de autonomia e de dependência diante da variabilidade e da complexidade social das populações de chimpanzés em relação ao meio continua, mas é sabido que as variações comportamentais dependem, de modo significativo, da dinâmica do próprio grupo e são aprendidas por mecanismos de repasse intergeracionais, que se constituem no aprendizado social. As dinâmicas coletivas são tão complexas que tornam compreensível a defesa do alto grau de autonomia do social entre chimpanzés. Fenômenos como a emergência do conflito social e seus mecanismos de resolução[150, 168, 174-177], as formas de reciprocidade nas relações grupais[178], a agressividade e sua dependência do sexo e da herança[150, 179] são alguns dos temas estudados.

A complexidade social identificada entre os chimpanzés torna as comparações com os humanos quase irresistíveis. Como já mencionado neste livro, apesar de todas as críticas, os monos ainda são os melhores modelos vivos para analisar a bipedia e seus impactos no tamanho do cérebro ou para compreender o uso de ferramentas por nossos antepassados, o que também vale para as habilidades sociais[180, 181]. Há, entretanto, fatores que contrastam as características básicas da vida social de hominínios fósseis, bonobos, chimpanzés e humanos comportamentalmente modernos. Para descrevê-los e analisá-los, Foley e Gamble[49] organizaram os dados sobre vida social no gênero *Pan* (bonobos e chimpanzés) e nos hominínios em quatro categorias.

A primeira categoria reúne características sociais que sugerem continuidades entre o comportamento atual verificado no gênero *Pan* e o suposto último ancestral comum que compartilhamos: as estruturas sociais multimachos e multifêmeas; a permanência de machos residentes no grupo de nascimento e a dispersão de fêmeas logo após atingirem a maturidade sexual; os vínculos fracos entre machos e fêmeas; e a expressão de hierarquias masculinas e femininas definindo *status* social.

A segunda apresenta os traços que indicam a ocorrência de fortes continuidades entre nossos ancestrais e o último ancestral comum que partilhamos com bonobos e chimpanzés. Esses traços se repetem em relação à sociabilidade compulsiva, à existência de estruturas comunitárias, à formação de comunidades multimachos e multifêmeas, à manutenção de vínculos entre machos aparentados, ao predomínio de transferência de fêmeas que atingiram a maturidade sexual para outros grupos e à hostilidade intergrupal.

A terceira categoria é um conjunto de dados quantitativos que sugerem uma extensão ou desenvolvimento dos traços verificados em hominínios e no último ancestral *Pan* comum: a formação de grandes comunidades; a expansão dos fenômenos de fusão e fissão social; a extensão dos grupos de parentesco por meio de gerações levando à formação de linhagens; e a transferência organizada de fêmeas para outros grupos.

A quarta, e última, apresenta novos elementos identificados em humanos e associados às suas capacidades culturais, marcada por fatores associados às relações intergeracionais, intersexuais e matrimoniais, que contrastam com o verificado entre monos. Por exemplo, entre humanos, observa-se o surgimento de fortes vínculos entre machos e fêmeas, e a persistência desses relacionamentos, a ampliação do investimento paterno, a herança do *status* social pelos filhos, o fortalecimento das relações entre parentes afins, a formação de fortes vínculos comunitários, o estabelecimento de regras sociais baseadas em diferenças sexuais, a dominância relativa à idade (como o poder dos anciãos), a influência dos contextos nas relações intercomunitárias e o controle de recursos pelos machos.

Apesar de haver registros de transferência de *status* entre monos, entre chimpanzés verifica-se que só fêmeas de alto *status* repassam sua posição para os descendentes que permanecem em seu grupo natal, o que não ocorre com a prole de fêmeas de baixo *status*[43]. A influência do *status* em relação à migração de gorilas fêmeas parece remeter, por sua vez, muito mais a características individuais do que a fatores sociais[147, 182]. Entre humanos, ocorre a herança do *status* dos pais pelos filhos de forma geral e disseminada.

Em síntese, os humanos já foram considerados os únicos seres sociais do planeta, tendo em vista a crença de que em todos os outros animais a sociabilidade seria orientada apenas por instintos. A partir da segunda metade do século XX, essa tese também perdeu sua primazia. Apesar de os humanos serem frequentemente definidos como "animais sociais"[183], muitas outras espécies são também reconhecidamente espécies sociais. Isso tem sido verificado por meio de pesquisas que exploram vários tipos de fenômenos, como a complexidade das relações instáveis e perigosas estabelecidas entre chimpanzés machos, que anseiam pela posição de alfa[150], ou como um babuíno selvagem decide sobre como e quando favorecer um indivíduo, a partir de sofisticadas avaliações sociais relacionadas à vida sexual, ao cuidado com filhotes e ao sucesso reprodutivo[184].

Assim, os marcos propostos pelo entomologista Edward Wilson e pelo psicólogo social Eliot Aronson, na década de 1970, borraram definitivamente as fronteiras que isolavam os humanos de outros seres vivos a partir de sua necessidade de viver em grupo, da capacidade de aprender como fazer isso e da pluralidade e complexidade de soluções e comportamentos produzidos a partir disso, como apresentado ao longo de toda esta seção. Animais sociais se unem para competir melhor por recursos e produzem "relações de cooperação para a concorrência"[62]. Chimpanzés, por exemplo, cooperam em atividades tão diversas quanto a caça em grupo, a defesa de território ou a obtenção de posições sociais por meio de alianças[185].

Pesquisas recentes sintetizam o que procuramos demonstrar ao longo desta seção. As extensas e complexas habilidades sociais verificadas em mamíferos, particularmente em monos, reforçam as semelhanças entre os humanos e os outros animais sociais. Todos os animais sociais cooperam. Os primatas formam coalizões e buscam os melhores parceiros, avaliando sexo e vantagens reprodutivas[184] por meio do *grooming* e, menos frequentemente, por meio da partilha de comida[186]. Por exemplo, chimpanzés filhotes e crianças humanas conseguem perceber que o outro precisa de ajuda e ambos são capazes de ceder coisas. Entretanto, enquanto os chimpanzés oferecem o que o necessitado pediu, os humanos oferecem o que eles acham que o necessitado precisa[187]. Explicando melhor, as diferenças sociais entre humanos e monos apresentam-se como diferenças de grau.

A observação e o registro da vida social dos chimpanzés indica, cada vez mais, que: a complexidade de aspectos do desenvolvimento dos filhotes em relação às mães e os vínculos entre eles; o comportamento e as estratégias sexuais; os mecanismos que regem os conflitos e sua resolução; a importância dos vínculos com o grupo; a produção e a utilização de objetos; os mecanismos de comunicação; a constituição de hierarquias e *status*; e a resolução de problemas, a dissimulação e a transmissão de informação. Todos esses fatores, reunidos, são a expressão de que humanos não são os únicos seres sociais e que a complexidade social é fartamente verificável em nossos parentes mais próximos.

Transmissão social

A transmissão social, ou o aprendizado social, também já foi um atributo utilizado para distinguir os humanos de todos os outros seres vivos. Os argumentos usados para defender esse pensamento geralmente baseavam-se na ideia popular de que os instintos eram mecanismos suficientes e satisfatórios para que os não humanos lidassem com os problemas relacionados à sobrevivência. Evidentemente, isso acarretava problemas como descobrir as causas da sobrevivência de certas espécies em situações de mudança ambiental. Hoje sabemos que muitas espécies aprendem com os membros de seu grupo, por meio da transmissão social, e que seus antepassados foram selecionados justamente por apresentarem essa característica. Além disso, verificamos que muitas espécies têm o chamado "comportamento flexível", que se refere à adaptabilidade ou flexibilidade em ambientes em mudança, inclusive os influenciados por fatores antropogênicos, como agricultura ou urbanização[188].

Galef[189] apresenta três explicações sobre o que motiva a verificação da consistência de um comportamento em determinada espécie que se mantém estável de uma geração para outra. A primeira é que um comportamento adaptativo pode ser geneticamente transmitido como propensão a influenciar a ontogenia. A segunda é que as semelhanças comportamentais em dada população podem ser resultado de histórias individuais semelhantes vividas em um ambiente compartilhado. Por fim, a terceira é que o comportamento padronizado pode ser resultante da transmissão de um indivíduo a outro, no interior de dada população, como consequência das interações sociais.

A transmissão social, por sua vez, também é um fenômeno complexo e multifacetado. Por isso, traz à baila as complicações decorrentes dos entendimentos sobre o que é aprendizado social. As ciências cognitivas dedicam-se, predominantemente, a compreender os processos cognitivos humanos. Contudo, os estudos sobre cognição animal se baseiam no princípio de que cognição é a capacidade para associar a informação obtida do mundo com o conhecimento próprio do indivíduo, a fim de fazer uso disso em situações futuras e na resolução de problemas. Cheney e Seyfarth[184] defendem que a cognição é, de fato, algo que pode incrementar a adaptabilidade (*fitness*) de um ser vivo[185].

Pesquisadores cujo enfoque é comparar humanos e monos, os chimpanzés em particular[61], defendem que há muitas semelhanças entre os processos cognitivos de ambas as espécies e que eles são idênticos em muitas de suas estruturas. Os primatas precisam de adaptações cognitivas flexíveis para lidar com aspectos de alta complexidade relacionados a dois aspectos essenciais da vida: o forrageio e as interações intraespecíficas, inclusive as sexuais[61].

Citando Katharine Milton (1981), Tomasello[61] enfatiza que o forrageio demanda flexibilidade cognitiva porque a maior parte da dieta dos primatas, animais arbóreos, é constituída por frutas que nascem em florestas tropicais úmidas cuja disponibilidade é sazonal. Milton, aliás, defende a hipótese de que muito do que é relativo ao cérebro grande e à inteligência extensa e flexível dos primatas foi selecionada por isso. Por outro lado, há aqueles que defendem que a cognição primata se expandiu por causa da pressão da vida social complexa[104, 190]. A ideia básica é a seguinte: um indivíduo expressa determinada habilidade que lhe seja vantajosa na relação com outros indivíduos, o que amplia sua própria adaptação na relação com outros indivíduos, os quais, por sua vez, reagem positivamente a isso. Se aquele que receber a ação tiver capacidade para reagir de forma mais vantajosa, beneficiará a si mesmo e provocará novos efeitos nos outros, e assim por diante. Por meio desse pressuposto, o mais adaptado, ou seja, aquele com inteligência para encontrar as melhores soluções nas interações sociais, será o mais beneficiado.

Em consequência disso, independentemente da explicação que preferirmos em relação à flexibilidade cognitiva, além da inteligência relacionada a localizar, identificar, quantificar, puxar e empurrar seres inanimados que serão transformados em comida[61], as interações sociais demandam inteligência que permita ao indivíduo: 1) comportar-se autonomamente e valer-se das consequências disso em relação aos vários tipos de interação social envolvidos na cooperação e na competição; 2) ser o melhor, não no uso da força física, mas nas habilidades de comunicação; e 3) ser útil como fonte de informação em vários tipos de aprendizado social[61].

A capacidade para o aprendizado social borra as fronteiras entre as capacidades cognitivas usadas para o forrageio e aquelas empregadas nas interações sociais[191]. Diante dessas características, há duas hipóteses para lidar com a cognição primata: ou a cognição primata, inclusive a humana, é distinta da cognição de outros mamíferos, ou a cognição primata não humana se assemelha à dos outros mamíferos, e essa, por sua vez, difere da cognição humana[61].

Como decorrência dessa dupla possibilidade, há intensos debates contemporâneos sobre como a transmissão social entre os monos ocorre, se por imitação[192-196], emulação[197-199], aprendizado[194, 200, 201] ou pelo chamado "efeito catraca"[202, 203]. De qualquer modo, os comportamentos coletivos associados à transmissão social, tanto entre animais selvagens quanto em animais cativos em laboratório, são reconhecidos como estáveis, porque se transmitem consistentemente de geração em geração, são duradouros e, eventualmente, plásticos, quando ocorrem inovações individuais que passam ao domínio coletivo.

Nas distinções entre humanos, seus ancestrais e os monos, em relação aos mecanismos de transmissão social, há sugestões bombásticas para pensar no problema da fabricação e do uso de ferramentas[204], entre elas, uma mudança de perspectiva que implica assumir que as ferramentas usadas por monos, assim como as primeiras ferramentas de pedra fabricadas por nossos ancestrais, são uma expressão de soluções latentes. Ou seja, são produtos de um aprendizado individual acrescido de aprendizado social de baixa fidelidade.

Por sua vez, a variedade de ferramentas – em número, complexidade e diversidade – produzida por humanos demanda transmissão não apenas social, mas também cultural, ou seja, capacidade de transmitir significados, porque se trata de aprender a fazer objetos cuja fabricação e manuseio demandam alta fidelidade, o que só é possível mediante a troca de significados. Ou seja, dessa perspectiva haveria, pelo menos, dois tipos de transmissão social na linhagem dos primatas: a primeira, fortemente dependente da cognição individual, e a segunda, profundamente dependente da troca de significados. A primeira, muito imprecisa, mas funcional; a segunda, marcada tanto por alta fidelidade quanto por alta funcionalidade.

Não há consenso em torno dessa proposição entre os paleoantropólogos, como sugere o fórum de debates publicado com o artigo no qual o trabalho de Tennie e seus colaboradores foi publicado, pois coloca no mesmo patamar as ferramentas usadas por monos e as ferramentas da indústria olduvaiense e, talvez, também as acheulenses, pois todas, segundo os autores[204], assemelham-se no quesito baixa fidelidade. Evidentemente, isso incomoda os paleoantropólogos, mas coloca no foco o fato de que, apesar das diferenças entre as ferramentas usadas por chimpanzés vivos e pelos ancestrais humanos, seu padrão é relativamente simples se comparado às tecnologias dos humanos comportamentalmente modernos, e o fato de a cópia ser uma versão aproximada do original não é um grande problema, uma vez que todas as ferramentas parecem ter cumprido plenamente suas funções, considerando a longevidade das linhagens de nossos antepassados.

O grande erro de Tennie *et al.*[204] não reside na comparação entre os objetos a fim de analisar sua simplicidade ou complexidade. O maior problema é que os autores desconsideram um ponto central: enquanto os hominínios fabricavam suas ferramentas líticas, os chimpanzés usam as rochas que consideram mais adequadas, sem transformá-las para determinada função. A única matéria-prima que os chimpanzés selvagens modificam são as hastes vegetais usadas para "pescar" cupins ou obter mel, sendo escolhidas entre as mais flexíveis e cortadas para adquirir o tamanho ideal em relação a seu alcance e eficiência[205-207].

De qualquer modo, o acúmulo de registros sobre o aprendizado de comportamentos entre chimpanzés – que implica contemplar as variáveis inteligência e condições sociais para transmissão de comportamento – permitiu tanto a identificação de padrões de comportamento intragrupais, estáveis em termos intergeracionais e manifestos por números representativos de indivíduos, quanto o reconhecimento de que, no interior da mesma espécie – o *Pan troglodytes* –, existem grupos sociais organizados a partir de padrões comportamentais únicos, produzidos e reproduzidos por eles mesmos. Essa constatação tem levado, desde 1999, um número cada vez maior e eminente de primatólogos a tornar pública a defesa de que chimpanzés selvagens têm cultura[59, 155, 208, 209].

Em que pese o reconhecimento de que a transmissão social não é a fronteira que separa e distingue humanos de não humanos, a conclusão de que variabilidade comportamental coletiva resultante da transmissão social é uma expressão que pode ser definida como cultura – tornando as "culturas animais" ou mesmo as "culturas de chimpanzés" um tipo de fenômeno equivalente e comparável às culturas humanas – está muito longe de ser aceita consensualmente. Entre os críticos, há argumentos[151] que enfatizam a enorme diferença entre as tradições comportamentais dos primatas e a cultura humana. A diferença residiria naquilo que foi chamado de "cultura cumulativa"[151, 210], que demanda a capacidade de imitar e de ensinar intencionalmente, o que supostamente falta aos outros primatas[210].

Hopper e Brosnan[185] e Price *et al.*[211] chamam a atenção para o fato de que há resultados de pesquisa mais recentes que demonstram que chimpanzés sabem imitar, inclusive, comportamentos complexos. Outros pesquisadores[212, 213] defendem que imitação e pedagogia não são precondições para a existência de culturas humanas; segundo eles, o que impede os chimpanzés de produzir uma cultura cumulativa são os aspectos altamente conformistas e conservadores de seu comportamento decorrentes da falta de habilidade de um chimpanzé em adotar um novo comportamento depois de ter aprendido um método específico a partir da observação dos outros, mesmo que o novo seja mais vantajoso. O conformismo e o conservadorismo servem para manter os vínculos sociais[212, 213] e para evitar riscos potenciais na floresta[185], mas são limitantes diante da necessidade de adotar novos comportamentos diante de mudanças. Assim, a conclusão é de que chimpanzés são capazes de imitar, mas que eles não sabem determinar quando é o melhor momento para fazer isso[214]. Essa seria a distinção entre humanos e chimpanzés[185].

Insiste-se que a grande diferença entre os repertórios de variação de comportamentos coletivos verificados em populações de chimpanzés e as expressões das culturas humanas reside na ausência da capacidade de produção de significado dos primeiros[29, 30, 32]. Pesquisas recentes procuram demonstrar que há uma pedagogia e que a prática e a habilidade para ensinar estão presentes entre chimpanzés[195, 206, 215], porém o que efetivamente apresentam são curvas de aprendizado[215] e influências sociais em aprendizados mais complexos[206].

A ausência de registros de uma pedagogia entre chimpanzés, intencional, explícita e recorrente também é explorada[19], pois, se há pedagogia, há também intenções, linguagem, ideias abstratas e, portanto, significado. Assim, a transmissão social, do mesmo modo que os outros fenômenos já analisados, existe entre animais não humanos – entre os chimpanzés em particular –, mas difere dos fenômenos verificados entre humanos exatamente pela mesma razão que enunciamos insistentemente: a transmissão social, assim como qualquer outra instituição humana, existe mergulhada em uma teia de significados.

Significação

Sabe-se que rituais, mitos, parentesco, magia, arte, adornos, cosmologias e fala demandam o domínio do pensamento abstrato em âmbito social, tanto subjetivo quanto intersubjetivo[216, 217]. Tais fenômenos integram o conjunto daquilo que a Antropologia reconhece como cultura. Até o momento, sabe-se que apenas humanos comportamentalmente modernos a produzem. Apesar das pressões exercidas por especialistas em comportamento de animais não humanos, primatólogos e alguns paleoantropólogos, os fenômenos considerados culturais, até onde se sabe, só podem ser produzidos, reproduzidos e compreendidos por humanos. Aliás, justamente por isso é possível até analisar as motivações que levaram os primatólogos a atribuir cultura a primatas não humanos[14].

O significado é tão constitutivo da condição humana que mal somos capazes de pensar autonomamente sobre sua importância, dado que quase não conseguimos conceber a nós mesmos em uma condição qualquer em que estejamos desprovidos de significado. Por exemplo, em absolutamente qualquer grupo humano, são inúmeras as expressões que não existiriam se não possuíssem significado: da fala até os rituais e regras de organização social, os mitos e cosmologias, o pensamento científico e as representações estéticas ou filosóficas. Isso vale tanto para a construção de pontes, habitações, brinquedos, armas, jogos ou foguetes interestelares quanto para a caracterização do genoma. Vale para sepultamentos, casamentos, formaturas e posses em cargos públicos; serve para definirmos de quem é a terra onde vivemos, quem é nosso parente, quem é estrangeiro, quem é imigrante, quem é inimigo, quem devemos proteger e quem podemos matar. Vale para compor canções e para desenvolver ferramentas, vale para as diferentes línguas que falamos e suas traduções/traições. O significado serviu (ou serve?) até para descrever e identificar quem é humano e quem não é, bem como para determinar quem tem cultura e quem não tem em, ao menos, dois planos. Um deles é o do fenômeno em si, ou seja, para distinguir quem elabora significados e quem não o faz. O outro é uma decorrência do primeiro, apesar de distinto, porque, ao identificar quem produz e quem não produz significados, os seres dotados de capacidade de significação elaboram sentidos sobre isso, ou seja, classificam e atribuem valores e sentidos.

Aqui há mais uma característica fundamental do significado: ele não se esgota, não pode ser sintetizado[218-220], é plástico e passível de ser reinventado[221]. O significado se deposita, em camadas, sobre cada uma e em todas as ações humanas e, por isso, é um fenômeno totalizante em tal grau que nada do que for integrado à vida de um grupo humano deixará de receber significados. Significados são históricos e simultaneamente atrelados às materialidades e às culturas.

O significado se rearranja, se reinventa, se desloca, se transforma. Pode, inclusive, ser transposto de uma cultura para outra, distinta no espaço e/ou no tempo. Assim, o mesmo elemento pode significar X em uma cultura e Y em outra; ou um mesmo significado pode ser atribuído distintamente a X em uma cultura e a Y em outra. A observação dessa dinâmica permitiu que Boas[10] traçasse duras críticas aos critérios baseados no Determinismo Geográfico e no Evolucionismo Social, que influenciavam o uso do método comparativo em Antropologia entre o fim do século XIX e início do século XX.

Assim, o significado invade absolutamente tudo em qualquer cultura humana. Tudo o que faz sentido para os membros de determinada cultura está articulado, com maior ou menor densidade em relação a determinado referencial, naquilo que Geertz[222] chamou de "teia de significados". Entretanto, não se trata de cair na armadilha pós-moderna que, apesar das contribuições fundadas no exame e na condenação das relações de poder assimétricas estabelecidas na produção etnográfica clássica, engendrou o caminho que promoveu a chamada "crise da representação"[223] (ao propor que a Antropologia operasse majoritariamente como agente de "crítica cultural"), que teve muitas consequências. Uma delas foi a geração de ondas de imobilidade no trato de questões relacionadas à cultura. O ultraculturalismo relativista[224] é uma das consequências negativas disso. Ao avaliar o papel da Antropologia no contexto mundial atual, Pina-Cabral[225] alerta e trata dos altíssimos riscos de erro científico, ético e político associados a escolhas desse tipo, reduzidas ao "tudo ou nada".

Ao mesmo tempo, é preciso reconhecer que a capacidade de produzir significados não é infinita ou ilimitada: ela é restrita pelos parâmetros definidos por nossa capacidade de abstração articulada às nossas condições sociais e materiais de existência. Ou seja, a elaboração de significados é inseparável de nossa vida e do modo como vivemos, de nossos sentidos e de nossa cognição. Por isso, nossa capacidade de significar está intrinsecamente atrelada ao próprio corpo e às condições específicas de existência, como seres humanos e como seres socioculturais. Nem os sonhos mais loucos ou as criações mais inspiradas ou estranhas são independentes de nossa condição humana ou de nosso "estar no mundo". Contudo, é importante assinalar que, por mais profundamente arraigados que sejamos a nossas culturas e a seus significados, não vivemos em universos ontológicos estanques[224], de modo que pessoas, objetos, patógenos, ideias e significados não cessam de circular – e de serem ressignificados – entre grupos humanos.

Some-se a esse profundo enredamento entre o significado e nossa existência a constatação de que é muito difícil definir *significado*, uma vez que, para inúmeros dicionários, nos mais variados idiomas, "significado é aquilo que significa", ou seja, acessar a definição implica saber, de antemão, o sentido do que se pretende conhecer. Assim, entre tantas outras dificuldades, temos de lidar também com a característica circular dessa definição. Além disso, *significar* implica expressar, representar ou comunicar os significados atribuídos a um objeto, animal, pessoa, lugar, fenômeno da natureza, planta, rocha, enfim, qualquer elemento significável por meio de formas comunicáveis, como a fala, o desenho, a escrita, o conceito, a canção e a *performance*, o que também demanda, por sua vez, o recurso à capacidade de abstração, ou seja, à capacidade de significar. Por mais recursivo que esse raciocínio pareça, à semelhança dos verbetes mencionados, tanto significar quanto comunicar significados implica acessar formas abstratas de pensamento e de expressão, as quais, por sua vez, acionam emoções, memórias e pensamentos que são, simultaneamente, individuais e coletivos.

A solução apresentada por Lévi-Strauss[226] para o equacionamento do que é o significado consiste em substituir dado significado por um termo equivalente, não em um exercício de simples comutação ou tradução, mas em um movimento que visa estabelecer relações entre termos para que seja possível, gradualmente, chegar mais perto de seu sentido. Essa solução estruturalista não é exatamente uma resposta, mas serviu, ao longo de aproximadamente três décadas do século XX, como a melhor ferramenta disponível. Aqui, a menção à iniciativa levistraussiana tem a função de reforçar o argumento de que o significado é sempre múltiplo, fugidio, denso, profundo; nunca limitado, exato e inequívoco.

Toda a história da Antropologia como disciplina é fortemente marcada pelo desafio de compreender os modos pelos quais a significação opera e se manifesta, e um dos grandes problemas que a Antropologia precisa enfrentar para lidar com o equacionamento do significado está justamente associado à constituição da natureza e da cultura como campos complementares, opostos ou até mesmo antagônicos. Recentemente, a Antropologia tem assumido um papel proeminente ao analisar, simultaneamente, os limites críticos do próprio relativismo e as restrições inerentes ao modelo científico cartesiano em favor de modelos mais relacionais que parecem ser capazes de oferecer alternativas aos contrastes definidos pelos dualismos dos pares natureza *versus* cultura[227] ou centro *versus* periferia[228]. Processos similares têm ocorrido na abordagem das relações entre humanos e não humanos, microrganismos[229], lugares[230], objetos[231], tecnologias[232] e até os próprios corpos[233, 234]. Tudo isso tem reforçado a importância de pensar a respeito do lugar da capacidade na significação em nossa história evolutiva.

Diante do propósito de discutir transversalmente o problema do significado em nossa espécie, se retornarmos à trajetória percorrida neste capítulo, desde a bipedia até a transmissão social, vamos lembrar que tivemos, ao menos, dois aprendizados. O primeiro é que todas as características já elencadas – bipedia, cérebro grande, fabricação e uso de ferramentas, complexidade social e transmissão social – não servem mais para definir o humano, nem para distingui-lo de outros seres. O segundo é que tudo aquilo que é distintivo, no sentido qualitativo, em relação aos humanos indica a capacidade humana de significação. Assim, talvez seja o momento de abandonar o mantra de Darwin reproduzido exaustivamente "diferença em grau, mas não em tipo", excessivamente simplista e binário[97], e assumir que a diferença de graus em relação ao significado é um ponto de vista possível, mas que o acúmulo de conhecimento em Antropologia, Paleoantropologia e Primatologia tem nos oferecido opções que indicam outra direção. Ou seja, podemos considerar que a emergência do significado na história evolutiva humana, que contamina todos os aspectos de nossa existência, significa uma diferença não quantitativa, mas qualitativa, porque as pesquisas já feitas sobre outras espécies não apresentaram indícios satisfatórios acerca da existência de capacidade simbólica; nesse conjunto, podemos incluir animais como os bonobos, os chimpanzés e as baleias.

Entre os elementos mais explorados pelos pesquisadores em relação ao tema estão: a linguagem; a expressão de emoções e de sinais por meio de linguagem corporal[235, 236]; e a resolução de problemas[237]. Vale salientar que outros aspectos, como criatividade, imaginação e expressão estética, não costumam fazer parte dos temas mais estudados, apesar de existirem trabalhos sobre, por exemplo, a variedade de formas e de materiais utilizados na elaboração de nós, atividade que demanda enorme dedicação à orangotango Wattana, moradora do Jardin des Plantes Zoo, em Paris[238]. Apesar de a autora descrever o comportamento de Wattana como dotado de senso estético, e mesmo que essa característica esteja mais presente no olhar da pesquisadora do que nas intenções de Wattana, ela seria, até onde se sabe, um indivíduo singular, e não uma expressão da maioria dos orangotangos.

Ao mesmo tempo, a pesquisa sobre linguagem em monos remonta há mais de 100 anos[239]. A maioria dos trabalhos feitos sobre os monos enfoca animais que vivem em cativeiro desde bem pequenos, sendo Kanzi e Washoe os mais emblemáticos entre eles[240,241]. Kanzi é um bonobo que aprendeu a usar um teclado constituído por um conjunto de símbolos para se expressar, e sua capacidade para aprender e utilizar o teclado para comunicar uma gama variada e complexa de informações é um forte indício de suas habilidades cognitivas para elementos abstratos, a ponto de ele aprender a usar o teclado espontaneamente[242]. Por sua vez, Washoe aprendeu, com humanos, a língua americana de sinais (ALS, na sigla em inglês) em um experimento de criação cruzada (inserção plena de chimpanzés filhotes em ambiente completamente humanizado) iniciado pelo casal Gardner. Quando passou a dominar a ALS, Washoe, inclusive, a ensinou a outros filhotes[241].

No entanto, antes de generalizar essa capacidade de aprender linguagens simbólicas para todos os bonobos e chimpanzés, é preciso considerar dois fatores: um deles é que todo o tempo de vida de Kanzi se passa em ambientes humanizados e em contato com humanos, o que significa que suas interações sociais e o mundo que ela conhece não são iguais aos dos bonobos selvagens. O outro é que, considerando que o cérebro dos monos se desenvolve a partir do aprendizado, da vivência e das interações que estabelecem, um bonobo que nasce e cresce entre os de sua espécie é profundamente diferente e desenvolve habilidades distintas de um bonobo que nasce e cresce entre humanos, como Kanzi, Wattana e os chimpanzés Sherman, Austin[240] e Washoe[241], outros animais que também aprenderam certas habilidades linguísticas em cativeiro. Debates desse tipo fazem parte da chamada "controvérsia da linguagem mono"[243-245] e contemplam quesitos como linguagem artificial, aprendizado, plasticidade e as diferenças qualitativas entre as diferentes formas de linguagem (vocal, gestual ou corporal).

Em relação à linguagem corporal de monos, os estudos de King[236] indicam um amplo e minucioso exercício de pesquisa etnográfica, baseado em trabalho de campo entre animais selvagens e cativos, que implica tratar os movimentos como formas dinâmicas de comunicação no interior dos grupos. Apesar da riqueza de detalhes, a abordagem esbarra em um problema: toda a análise sobre a troca de significados é expressa a partir da perspectiva da pesquisadora. Esse é o pressuposto metodológico da etnografia, contudo, quando se trata de etnografia sobre as relações entre humanos e não humanos, esbarra-se na impossibilidade de acessar os significados produzidos por não humanos porque, provavelmente, eles não existem[246].

A comunicação, como expressão da consciência que os seres têm de seus meios e a necessidade de trocar elementos decorrentes dessa consciência com outros seres, é, como apresentado, uma habilidade também presente em muitas espécies. A sutileza dos dialetos produzidos por grupos distintos de baleias de uma espécie[247] e os mecanismos de reprodução desses dialetos, que implicam aprendizado intergeracional, são uma das expressões da complexidade inerente aos mecanismos de comunicação presentes em diferentes espécies. A comunicação corporal dos chimpanzés, registrada etnograficamente por King[236], é outro exemplo marcante.

Entretanto, a linguagem (falada, gráfica) implica elaboração, manipulação e circulação de ideias, conhecimento ou informações por meio de abstrações que, aliás, são, simultaneamente, precisas e polissêmicas, pois precisa haver um denominador mínimo entre os sujeitos envolvidos, mas a má compreensão, a imaginação, a teoria da mente, a história de vida, o repertório pessoal e o contexto podem modular intensamente as mensagens trocadas; em outras palavras, dependem da capacidade simbólica para sua expressão e reprodução. Portanto, sem capacidade simbólica plena, não há produção de significado.

Por fim, em relação à solução de problemas, a questão do pensamento abstrato e simbólico aparece em, pelo menos, três aspectos: 1) se, para chegar à solução do problema, o indivíduo lançou mão de algum modelo ou conhecimento abstrato; 2) se a solução do problema pressupõe planejamento, imaginação ou suposições; e 3) se a solução do problema demanda a participação de mais um indivíduo, de maneira que os participantes trocaram informações, colaboraram ou dividiram tarefas para chegar ao resultado almejado. Caso a resposta seja afirmativa para, pelo menos, uma dessas situações, podemos considerar que os indivíduos em questão são dotados de capacidade simbólica.

Köhler[248] foi um dos primeiros pesquisadores a elaborar questionamentos sobre a mentalidade dos monos, ou seja, sobre o que se passa na mente desses nossos parentes. Ele abordou, por exemplo, a capacidade para inovação, o uso de objetos, o desvio de comportamento para atingir objetivos intermediários, o acaso e a imitação. Esses parâmetros são relevantes até hoje nas pesquisas sobre comportamento, particularmente em relação ao uso de ferramentas. Isso pode ser verificado nos resultados mais recentes acerca dos comportamentos associados à solução de problemas que abordam os efeitos de *feedback* visual e enfatizam flexibilidade e modificação de ferramentas para solucionar problemas. Contudo, em relação à questão central, tais resultados[249] informam mais sobre inteligência e capacidades cognitivas do que, especificamente, sobre capacidade simbólica.

Após elencar todas essas perguntas de pesquisa e os respectivos resultados, é fundamental esclarecer que centrar a análise na ausência de expressões simbólicas de não humanos não significa fazer uma defesa metafísica, antropocêntrica ou hierárquica dos humanos em relação aos outros seres vivos. Ao contrário, trata-se simplesmente de reconhecer e celebrar nossas diferenças[27], para que possamos lidar com a inadiável tarefa de equacionar o fato de que o estreitamento da convivência entre humanos e outras espécies é algo irreversível e que teremos de analisar isso profunda e continuamente. Por que somos diferentes dos outros seres? Separar a ordem biológica da ordem cultural, com fins analíticos, para entender os humanos é uma falsa solução para o problema pelo simples fato de que elas são inseparáveis. Só é possível definir o humano por meio do significado, sem esquecer que nos tornamos o que somos a partir e por meio dele.

MacLean[98] assinala que, ao mesmo tempo em que a mente humana é constituída por formas únicas de sinergia entre fatores representacionais e motivacionais, é preciso perguntar: quais são as diferenças qualitativas entre certas habilidades humanas e não humanas e em que elas são únicas? Nessa mesma direção, o autor questiona se os humanos são os únicos seres vivos capazes de participar em instituições de larga escala, engendrar guerras movidos por suas crenças, imaginar futuros distantes e comunicarem-se em todas essas situações usando sintaxes e símbolos. Segundo o autor, a resposta está na habilidade, exclusivamente humana, de produzir significados, socialmente e em profusão, de modo a contaminar e integrar absolutamente todos os aspectos da vida individual e coletiva de determinado grupo.

O fenômeno simbólico, tomado em sua dimensão humana e cultural, se baseia nas habilidades que nos permitem dar significados a qualquer tipo de fenômeno, desde que sejam relevantes para o grupo. Os sentidos simbólicos atrelados à cultura são públicos[222] e coletivos, partilhados por meio da fala, da arte, das regras sociais e da circulação de pessoas, ideias, recursos e técnicas. Tal partilha afeta profundamente nossos sentidos e nossa percepção de mundo[250], modifica nossa percepção do mundo[251], modula nossos sentimentos e nossa memória e cristaliza ideias, ou permite que elas sejam questionadas. Além disso, o símbolo tem o potencial de transcender os limites dados por determinados contextos históricos e sociais nos quais uma sociedade está estabelecida. Por isso, muitos símbolos circulam entre sociedades distintas e permanecem apesar de profundas mudanças históricas: seus significados podem ser reinventados[9].

Nossa capacidade plena para produzir uma "teoria da mente" que nos possibilite supor o que os outros estão pensando em relação aos símbolos permite que tomemos decisões em relação a expectativas sobre o comportamento futuro de outras pessoas[100-102]. Permite também que, a partir da fala, dos desenhos, da manipulação de objetos e de movimentos de outras pessoas, sejamos capazes de inferir o que elas estão pensando e sentindo e, assim, possamos, por exemplo, aprender, concordar, discordar, inventar, ou seja, sejamos capazes de transmitir, entender e transformar ideias, o que só é possível em razão dos símbolos, seus significados e nossas habilidades de lidarmos com eles.

Alguns exemplos conspícuos de significação

A dimensão simbólica dos fenômenos é, simultaneamente, sutil e potente. O registro etnográfico é capaz de: apresentar os modos pelos quais os símbolos invadem todas as dimensões da vida social; descrever sua dimensão global, que integra plenamente o mundo material e o mundo das ideias; e, por fim, sinalizar como os símbolos não se associam apenas a aspectos vantajosos da vida humana. Ao mesmo tempo, por meio da etnografia, podemos acessar aspectos dos significados que fundamentam práticas que têm efeitos mal-adaptativos sobre determinado grupo humano.

A seguir, serão expostos alguns registros etnográficos que visam sustentar os argumentos apresentados até agora. Escolhemos, entre vários casos, alguns que apresentam evidências acentuadas da força do significado. Cada exemplo, apesar de único, expressa o modo como os significados integram as vidas humanas em suas dimensões material e ecológica, nos aspectos míticos, rituais, estéticos e comportamentais e, ainda, também nas relações intra e intersociais, intra e interespecíficas. São eles: o sistema de trocas chamado *kula*, que ocorre nas ilhas do Pacífico Ocidental; os altos índices de suicídio entre várias etnias indígenas no Brasil – sendo os Guarani-Kaiowá do Mato Grosso do Sul um caso particular; os agricultores da Nova Guiné e seus porcos de estimação; os haitianos praticantes do vodu e outras formas de morte por feitiçaria; e, por fim, os rituais de caça na Amazônia e seus fundamentos.

O *kula*, um sistema ritual de trocas intra e intertribais de braceletes e colares, estudado pela primeira vez por Malinowski[252] no início do século XX e amplamente conhecido pelos antropólogos socioculturais, é um clássico exemplo de como opera o simbolismo nas culturas humanas. O *kula* integra uma imensa região habitada por povos do Pacífico Ocidental, caracterizada por grande diversidade étnica e cultural, e envolve a troca de braceletes por colares, e vice-versa, entre homens. Os objetos mais valorizados nessas trocas são enormes ou diminutamente pequenos para as dimensões dos corpos humanos e, portanto, não podem ser usados como adornos. O valor é simbólico e é agregado pela antiguidade e pela história do objeto no *kula*: cada pessoa importante que tenha possuído o objeto aumenta seu valor, e o objeto valorado aumenta o prestígio de quem o recebe.

O novato no sistema de trocas geralmente recebe seu primeiro presente de um tio materno (o irmão de sua mãe), junto com a obrigação de retribuí-lo, assim que possível. Dessa forma, o *kula* é um sistema de trocas, extremamente formal e ritualizado, fundado na obrigação de aceitar e de retribuir presentes. A acumulação e a mesquinhez em relação aos objetos de troca são moralmente criticadas. Em cada ocasião em que acontecem as festividades para realização do *kula*, ocorrem simultaneamente outros tipos de troca: econômicas, matrimoniais, de apoio político, de apoio técnico, de promessas entre amantes, enfim, várias dimensões da vida social fluem nesses sistemas de troca ritual.

O *kula*, em si, não tem funções econômicas. É um sistema de trocas que dota altíssimo prestígio social aos participantes e suas famílias, baseado no desprendimento. Quanto mais valioso for o colar ou a pulseira ofertada, maior se torna o *status* do doador. Ao mesmo tempo, os encontros proporcionados pelas trocas rituais referentes ao *kula* favorecem outros tipos de troca: circulam em contextos intra e extratribal objetos de valor econômico, presentes matrimoniais, presentes entre amantes, conhecimento tecnológico, mão de obra e favores políticos.

Segundo relatório da Organização Mundial da Saúde (OMS) de 2020[253], as taxas de suicídio indígena no Brasil são três vezes mais altas do que entre todos os outros grupos étnicos. Tais dados são preocupantes, apesar da baixa confiabilidade, pois a suposição é a de que os números sejam ainda mais altos. Os primeiros levantamentos ocorreram somente na década de 1990[254]. Em 2018, foram registradas 18,3 mortes de indígenas para cada 100 mil habitantes, e 44,8% ocorreram entre jovens de 10 a 19 anos. A média nacional, para a mesma faixa etária, é de 5,8 óbitos. A OMS associa essas altas taxas a "conflitos interpessoais, transtornos mentais, problemas familiares, abuso de sustâncias, e os contextos social e cultural em que se encontra o indivíduo e/ou a população"[255].

Apesar de os suicídios ocorrerem em todas as regiões do país, a área urbana de Curitiba, o Centro-Oeste e o Norte do Brasil são as regiões mais afetadas. A despeito da necessidade de análise de cada caso individualmente, é preciso entender como cada grupo indígena tem lidado com o contato e os conflitos decorrentes das influências dos brancos em seu território e em seu modo de viver. De maneira geral, indigenistas, profissionais de saúde pública[255], antropólogos e historiadores[257] concordam que é preciso desconstruir a associação simplista com o alcoolismo, uma pseudocausa[258], e compreender melhor como a desproteção dos territórios e direitos indígenas, o preconceito, a imobilidade de órgãos públicos e as pressões de certos setores na direção de sua destruição cultural estão entre as causas potencialmente generalizáveis[259-261].

O alto número de suicídios ocorridos entre os Guarani-Kaiowá está entre os mais altos registrados em aldeias indígenas do mundo e é também a expressão do que ocorre com o esvaziamento do significado, em termos coletivos e individuais. Estrangeiros na própria terra, expulsos e apartados de sua cultura e de seu modo de vida, a escolha entre a enculturação e a miséria material, social e simbólica leva muitos Guarani-Kaiowá a decidirem pela morte para, assim, resistirem à destruição de seu mundo. Morrem fisicamente porque não reconhecem o mundo social e simbólico no qual vivem como o próprio mundo. Nesse lugar e nesse tempo, a vida perdeu completamente o sentido, e o processo lhes parece irreversível[256].

O caso dos Guarani-Kaiowá é tristemente emblemático[262, 263]. Em 1917, o Estado brasileiro criou a Reserva Indígena Dourados, baseada em uma estrutura militar de gestão com o apoio da igreja evangélica Assembleia de Deus. Seu objetivo era receber indígenas expulsos de seus territórios que lutam para retornar a suas terras e retomar sua memória e sua cultura. Entretanto, essa iniciativa produziu uma configuração caracterizada pelas pressões negativas decorrentes da proximidade com a área urbana de Dourados, pelo agronegócio[263], pelas igrejas evangélicas[262] e pelos limites de acesso de cada etnia indígena ao próprio modo de vida e a seus bens culturais.

Outro caso representativo – e tão extremo quanto esse – corresponde à morte por práticas de bruxaria. O tema, capaz de produzir alvoroço tanto entre médicos quanto entre psiquiatras e psicólogos, tem sido descrito e analisado por antropólogos desde o início do século XX[220]. De fato, esse tipo de fenômeno ocorre em várias culturas, desde os Azande da África Central, habitantes de regiões entre os rios Nilo e Congo[264]; os Kwahu, um grupo Akan de Gana[265]; os Ndembo, também da África Central, Zâmbia[266], Polinésia[220] e América, entre muitos outros[267]. Mas o Haiti é a região do mundo mais popularmente conhecida pela morte por bruxaria por meio da prática do vodu.

Descrita, pela primeira vez em perspectiva etnográfica por Cannon[268], a morte por prática do *voodoo*, ou vodu, foi retomada por Lex[269] a partir de seu caráter psicossomático, mas recebeu as melhores explicações com base na análise de Marcel Mauss[220], que demonstrou, em sua análise, que alguém saudável pode adoecer e morrer quando seu grupo social – e ele mesmo – reconhece que foi acometido de bruxaria. Inicialmente, as pessoas começam a evitar e isolar o embruxado, tratando-o como morto. A raiva e o medo tomam conta do indivíduo, que percebe, gradualmente, que não consegue mais satisfazer suas necessidades sociais e materiais, e que ele não tem mais um lugar social: é evitado, ignorado, invisibilizado e temido, como se já pertencesse a outra dimensão. Ao mesmo tempo, o enfeitiçado começa, lentamente, a crer também que sua morte está próxima. Declarado socialmente morto, o enfeitiçado abandona a si mesmo; sente-se mal, doente e infeliz; ignora as práticas de higiene; para de comer e beber; enfraquece; fica debilitado; e morre. Assim, o significado e as relações sociais por ele mediadas, nesse caso, transformaram diametralmente o lugar social e o comportamento dos envolvidos, de forma que as condições físicas e o equilíbrio emocional do envolvido o conduzem à morte.

Em diversas culturas humanas, a morte é cercada de significados, não apenas a morte de humanos, também a morte de certos animais. Um exemplo disso são as relações entre os porcos e os Tsembaga, que habitam as montanhas Bismarck na Nova Guiné, analisados por Rappaport[270]. A etnografia de Rappaport descreve as relações entre os Tsembaga e os porcos: a adoção dos animais órfãos, cuidados com carinho e mesmo amamentados por mães humanas com bebês pequenos. As brincadeiras, o convívio íntimo interespécies e a possibilidade de os porcos adentrarem casas, roças e outros ambientes constituem vínculos sólidos com os humanos.

Assim, durante alguns períodos, os porcos crescem livremente em termos tanto comportamentais quanto demográficos, pois podem se reproduzir e perambular sem muitas restrições. A questão é que, em certo ponto, a população suína cresce tanto que começa a invadir e comer as roças, entrar nas casas e colocar em risco as refeições, a comida estocada e até mesmo as crianças pequenas. Tal situação aumenta a escalada de tensões e conflitos interespécies a ponto de, no ápice dos problemas, a população convocar o xamã.

Pede-se ao xamã que consulte os ancestrais sobre seus desejos. Ele afasta-se do grupo, faz os rituais necessários e invoca os ancestrais para perguntá-los sobre suas vontades, supondo que os conflitos sejam um sinal de que existe alguma insatisfação. Quando o xamã retorna à aldeia, comunica ao povo as vontades dos ancestrais. Muitas vezes, essas vontades são expressas por meio do desejo de os ancestrais se banquetearem com carne suína. Nesses casos, o que ocorre na sequência é a preparação de um gigantesco banquete à base de carne de porco a partir da caça e do preparo de praticamente toda a população desses animais. Apenas alguns poucos porcos são poupados. Humanos banqueteiam-se e, por meio dos rituais, seus ancestrais também consomem a carne.

Após a comilança, ancestrais e vivos acalmam-se. A população reduzida de porcos deixa de tensionar os recursos dos Tsembaga e a paz volta a reinar entre humanos e não humanos. A população suína volta a crescer descontroladamente, até que os ancestrais desejem outro banquete.

Outro exemplo também vinculado às relações rituais – e, portanto, simbólicas e materiais – entre humanos e não humanos é descrito pela etnografia amazônica. O cotejamento e as comparações que Lima[271,272] e Viveiros de Castro[273] estabeleceram entre o pensamento indígena produzido em algumas regiões amazônicas e o pensamento ocidental indicam aspectos cruciais das ontologias modernas e ocidentais e das ontologias indígenas. Os autores demonstram que os povos indígenas amazônicos estudados pensam as relações entre humanos e não humanos considerando as semelhanças e continuidades espirituais existentes entre as espécies. Isso ocorre a partir de concepções segundo as quais os corpos de humanos e de animais são múltiplos.

Assim, um indígena é potencialmente capaz de saber e entender como pensam e se comportam os mortos, outros animais e artefatos. De fato, cada um desses grupos constitui sua unidade social, com suas regras, seus tabus e seus rituais. Ao mesmo tempo, esses modos de ver os outros são muito distintos dos modos como veem o mundo e a si mesmos. Viveiros de Castro[273] chama esse modo de pensar, essa ontologia, de multinaturalismo.

Ou seja, há múltiplas naturezas que explicam por que os corpos de humanos e de animais podem assumir formas múltiplas e, consequentemente, podem viver múltiplas experiências. A natureza é múltipla, e a cultura é una. Para o multinaturalismo, há uma unidade entre os mais diversos espíritos que habitam uma pluralidade de corpos em contextos relacionais e perspectivas móveis[273]. Por sua vez, a ciência moderna organiza seu pensamento baseada no multiculturalismo, ou seja, opera sob o princípio que supõe a multiplicidade de culturas humanas e a unidade fundada na universalidade da natureza.

Assim, a qualidade perspectiva do pensamento ameríndio, encontrado também em culturas boreais da América e da Ásia e entre caçadores tropicais, implica considerar que o mundo é habitado por diferentes espécies de sujeitos e de pessoas, humanas e não humanas, com diferentes pontos de vista sobre si e sobre os humanos. O modo como essas culturas veem os mortos, os outros animais e os artefatos implica considerar que todos eles estão ligados e que suas diferenças físicas/corporais, bem como seus trajes e ornamentos, nada mais são do que uma espécie de escafandro ou de traje espacial que permite que todos transitem por mundos diferentes.

Dessa perspectiva, em condições normais, os humanos veem a si como humanos; os animais, como animais; e os espíritos, como espíritos. Os predadores e os espíritos veem os humanos como presas e veem-se como humanos, seres sociais dotados de cultura. É por isso que os espíritos preferem os corpos dos grandes predadores para se manifestarem[273].

Desse modo, um dos papéis do xamã é tornar a carne de caça comestível, ou seja, desprovê-la de espírito, uma vez que um corpo-roupa que é habitado por um espírito não pode ser comido. Qualquer corpo habitado por um espírito é um comedor por definição, um comedor de gente, um antropófago. Desse modo, é preciso exorcizar o espírito que habita a caça, por meio dos rituais e dos tabus adequados, para que ela seja esvaziada e fique desprovida de espírito, tornando-se uma roupa vazia, não ocupada e, portanto, comestível.

A força do significado é tamanha, nesses casos e em todos os outros mencionados, que ele altera completamente a natureza e sua materialidade. Esses exemplos representam como as instituições sociais, culturalmente relacionadas, participam da produção de significados, de formas eficazes tanto para os indivíduos quanto para a coletividade, de modo a construir integralmente as realidades nas quais todos existimos.

Esperamos que a revisão por nós empreendida nas páginas anteriores tenha demonstrado, de maneira inequívoca, que a única diferença realmente qualitativa entre nós, humanos, e os demais seres que habitaram e que habitam o planeta, é nossa capacidade de atribuir significado/sentido aos objetos, aos fatos e à vida. Como apresentado, todos os demais critérios que anteriormente foram considerados para definir humanidade caíram por terra conforme passamos a conhecer cada vez mais o comportamento dos animais, especialmente dos grandes símios e de nossos ancestrais. Na maioria das vezes, as diferenças eram apenas quantitativas, e não qualitativas. Portanto, é a capacidade de simbolização que define o humano.

Assim, para sabermos desde quando existe no planeta algo que podemos chamar de humanidade, temos de procurar, no registro arqueológico, evidências materiais de comportamento simbólico. Embora o registro arqueológico seja limitado e imperfeito, não há alternativa. Dois indicadores que podem ser utilizados no registro arqueológico podem denotar comportamento simbólico: vestígios estéticos, de arte, o que inclui o adornamento corporal; e a ocorrência de sepultamentos ritualizados. Nesta obra nos concentramos na primeira classe de evidências. A questão dos sepultamentos será percorrida em um trabalho futuro, a ser ainda publicado. Os próximos capítulos vão explorar, portanto, em uma visão diacrônica, as manifestações estéticas e artísticas mais antigas já encontradas, bem como se o *Homo sapiens* foi e é, de fato, o único hominínio capaz de expressá-las.

2

A Revolução Criativa do Paleolítico Superior

O modelo mais impactante já proposto sobre as origens da cognição moderna e o simbolismo em nossa linhagem evolutiva é, sem dúvida, o modelo da Revolução Criativa do Paleolítico Superior (RCPS), ou Explosão Criativa do Paleolítico Superior, que explica uma suposta mudança, súbita e profunda, no registro arqueológico entre o Paleolítico Médio e o Superior, há cerca de 50 mil anos.

O Paleolítico, que se inicia com a produção dos primeiros instrumentos de pedra há cerca de 2,6 milhões de anos – para estimativas mais antigas, ver Harmand *et al.*[1] –, viu um aumento gradual na complexidade e na diversidade das ferramentas, passando de simples lascas e machados de mão a agulhas e anzóis feitos de osso no Paleolítico Superior. Esse salto teria sido tão intenso que alguns estudiosos se referem a ele como o Big Bang da cultura humana[2], ou, ainda, como uma "explosão simbólica"[3], afirmando que nessa curta transição teria ocorrido mais inovação do que nos 6 milhões de anos anteriores. Não se limitando à esfera tecnológica, teria havido também uma completa reestruturação das relações sociais[4].

A diversidade e o número de sítios de *Homo sapiens* dos últimos 50 mil anos são muito maiores do que no período anterior, fato que não poderia, à primeira vista, ser explicado apenas por diferenças na conservação dos vestígios arqueológicos. É também notável que essas mudanças, que teriam ocorrido na Europa ou no Oriente Médio, disseminaram-se rapidamente para vários continentes do Velho Mundo. Bar-Yosef[5] revisou de forma elegante essa transição. As primeiras e mais notáveis mudanças são relativas à produção de ferramentas de pedra. Desde o advento do *Homo habilis*, a essência da atividade de lascamento permaneceu bastante limitada nas indústrias olduvaiense, acheulense ou musteriense. Em vez de se limitar a lascas, os homens do Paleolítico Superior passaram a produzir lâminas, sistematicamente, a partir de núcleos prismáticos finamente preparados. Essas lâminas tinham diversas formas, refletindo um refino das técnicas de produção e novas variações e possibilidades de uso (figuras 2.1 e 2.2). O número de ferramentas de pedra – que no Paleolítico Médio era de apenas vinte instrumentos especializados – saltou para cerca de cem no Paleolítico Superior. Mais do que isso, a partir desse ponto, a evolução das técnicas passou a ocorrer em ritmo muito mais rápido. Outro bom exemplo seriam as ferramentas de trituração, que teriam inovado o consumo de vegetais, com consequências marcantes para a dieta e a dispersão dos primeiros humanos modernos, depois de 50 mil anos.

As mudanças, no entanto, não se limitaram às ferramentas de pedra, sendo também observadas, pela primeira vez, a confecção sistemática de ferramentas a partir de dentes, chifres e ossos (figuras 2.3 e 2.12). Os anzóis, surgidos nesse período, teriam possibilitado maior eficácia na pesca, o que, por sua vez, teria permitido uma diversificação dos biomas habitados pelos humanos modernos. Nesse período também houve grande desenvolvimento de ferramentas de caça, como propulsores, arcos e flechas[6], que teriam facilitado a caça a distância. As armas musterienses, bastante pesadas, deram lugar a armas mais leves, com pontas feitas de ossos e pedras, com destaque para as pontas ósseas com base bifurcada[7] (figura 2.4), o que teria favorecido práticas de caça individuais[8].

No que se refere às habitações, o Paleolítico Superior também apresentou novidades bastante significativas em relação aos períodos anteriores, com a diferenciação dentro de abrigos e grutas de áreas funcionais, como locais especializados para dormir e outros para o preparo e o descarte de alimentos. Também são vistos pela primeira vez locais de armazenamento de comida, com destaque para as altas latitudes, onde o gelo que se formava no subsolo permitia a conservação dos alimentos[9-11]. Estruturas para manutenção de calor e cozimento, principalmente com o auxílio de rochas, passaram, também, a compor os abrigos habitados. Tomando como exemplo o sítio de Grotte du Renne, em Arcy-sur-Cure, Farizy[12] sugeriu que seus habitantes do período Chatelperroniense (que pode ser entendido como o início do Paleolítico Superior, segundo Bar-Yosef[5]) concebiam seu espaço de vida de uma nova maneira. Por exemplo, as fogueiras apareceram, pela primeira vez, não apenas como áreas em que o fogo era feito, por conta das estruturas ao redor. O descarte de restos de fauna consumida em locais específicos e o uso abundante de ocre também diferenciam a ocupação das anteriores, de natureza Musteriense, após 50 mil anos. Em termos logísticos, as distâncias que compõem as redes de troca de matérias-primas entre diversos grupos teriam se tornado também muito maiores[13], o que pode ser considerado um como indicativo de avanços nas técnicas de transporte e mobilidade.

As principais manifestações que chamaram a atenção dos especialistas para o contraste entre o Paleolítico Superior e o Médio foram, no entanto, as de caráter simbólico (figuras de 2.5 a 2.10). As já mencionadas ferramentas de ossos e chifres começaram também a ser produzidas com intenções ritualísticas, e o uso sistemático de decoração corporal teria passado a compor o dia a dia dos humanos modernos. Feitos de conchas, dentes, marfim ou ovos de avestruz, surgiram contas e pingentes em variadas formas[14], denotando identidade individual e étnica (figura 2.9). Além disso, foi no Paleolítico Superior que surgiram pela primeira vez formas sofisticadas de arte, como pinturas em cavernas ou estatuetas de animais ou humanos, aí incluídas as famosas vênus (figura 2.5). Conard *et al.*[15] reportam também os primeiros instrumentos musicais inequívocos, encontrados no sul da Alemanha, como sendo desse período (figura 2.6). Mais importante ainda, teriam surgido pela primeira vez enterros notadamente ritualizados, contando com uma disposição especial e incomum de corpos e objetos associados.

No entanto, mesmo no auge da aceitação dessa transição radical, três ocorrências se apresentavam como possíveis exceções a essa ruptura: a indústria Howiesons Poort e os sítios de Arcy-sur-Cure e Saint-Césaire, ambos na França.

Howiesons Poort é o nome dado a uma variação da indústria lítica presente na Idade da Pedra Média na África, cunhada por Goodwin e Lowe[16], que contava com tipos de ferramentas presentes no Paleolítico Superior europeu (figura 2.11). Um exemplo dessa indústria é encontrado na Caverna de Klasies River Mouth, na África do Sul, com antiguidade aproximada entre 60 e 80 mil anos[17]. O que a assemelha à tradição moderna europeia é a presença de facas com dorso e buris trapezoidais, a padronização nos tipos de *design* e a escolha de materiais a partir de convenções sociais em vez de apenas utilidade prática, características que sugerem comportamento moderno[18]. No entanto, por conta da falta de continuidade temporal, essa indústria foi para Bar-Yosef[5] um fenômeno cultural, isolado e cronológica e estratigraficamente intercalado entre duas indústrias da Idade da Pedra Média, sem a presença de ferramentas de ossos.

A ocupação em Arcy-sur-Cure, do Chatelperroniense, era também um obstáculo à aceitação completa do modelo da RCPS. Ali foi encontrada uma grande diversidade de artefatos de ossos e chifres, dentes de animais modificados para uso como pingentes[19-23], bem como a utilização disseminada de ocre vermelho[19, 24], em uma nítida quebra com a tradição musteriense anterior. A questão central era que os habitantes da caverna e artesãos desses itens teriam sido neandertais tardios, e não humanos anatomicamente modernos[25].

Caso semelhante era o de Saint-Césaire, sítio descoberto em 1979 em que havia uma aparente associação direta de um crânio clássico de neandertal com a indústria chatelperroniense[26, 27]. A datação de exemplares de lascas queimadas encontradas no sítio por termoluminescência era compatível com sua atribuição ao Chatelperroniense[25]. Teriam também os neandertais passado por uma revolução criativa nesse período? Como explicar esse aumento na capacidade de criação e abstração? A resposta veio com a constatação da coexistência das duas espécies: durante 6 ou 7 mil anos, neandertais viveram em conjunto com humanos anatomicamente modernos na Europa[28-34], o que teria permitido o contato entre essas espécies e, portanto, a ocorrência de um processo de enculturação, no qual as inovações dos humanos modernos passaram a ser mimetizadas pelos neandertais.

De fato, os únicos sítios chatelperronienses (Arcy-Sur-Cure e Saint-Césaire) que continham elementos únicos do Paleolítico Superior eram dos estágios tardios, quando populações aurinhacenses já estavam bastante próximas[25]. Outra hipótese era a de que a associação dos neandertais com artefatos do Paleolítico Superior poderia ser explicada por misturas pós-deposicionais[35-38], conforme sugerido por Gravina *et al.*[39] em sua reavaliação do material obtido em Saint-Césaire.

A RCPS não apenas justificou as ideias do Out of Africa (discutida adiante), proposta originalmente por Wilson e Cann[40], como também serviu de base para sua formulação e entendimento. Atualmente, a maioria esmagadora dos especialistas está convencida de que a origem de nossa espécie se deu na África[41]. Resultado da evolução de populações de humanos mais primitivos no interior do continente, os humanos anatomicamente modernos colonizaram o mundo em diversas ondas de emigração, sendo que as migrações massivas foram empreendidas a partir de 50 mil anos atrás. No século passado, no entanto, quando essa trajetória estava menos nítida, persistiam dois grandes modelos para explicar a origem de nossa espécie: Out of Africa ("Para fora da África", em português) e a Origem Multirregional. O primeiro defendia que o local de surgimento de nossa espécie era a África, ocorrendo a substituição dos homininios arcaicos conforme avançamos pelo mundo. As características dessa substituição variavam para cada autor. Em sua forma menos extrema, permitia-se certo fluxo gênico entre as espécies encontradas pelo caminho, ao passo que, nas versões mais radicais do modelo, falava-se de uma substituição completa desses grupos[42]. O segundo modelo explicava os humanos modernos como via final da evolução de grupos de homininios diversos ao redor do mundo, com estabelecimento de fluxos gênicos contínuos entre eles que teriam espalhado os traços anatomicamente modernos[43].

Na época da formulação dessas hipóteses, acreditava-se que os humanos anatomicamente modernos tinham surgido na África há cerca de 100 mil anos*, segundo Bar-Yosef[44], e um grande questionamento era o motivo da grande dispersão do humano moderno para fora da África ter ocorrido muito depois de seu surgimento. Mais do que isso, a evidência fóssil da região do Levante (onde atualmente se localizam Israel, Jordânia, Líbano, Síria e áreas adjacentes) também era intrigante: ela sugeria que a fronteira entre os neandertais e os humanos modernos flutuava com mudanças climáticas. Com climas mais frios, os neandertais se moviam para leste, enquanto os humanos modernos se expandiam para o norte, em direção ao Levante, com climas mais quentes, sempre respeitando essa fronteira oscilante. Há cerca de 40 mil anos, no entanto, esses humanos modernos superaram rapidamente os limites climáticos e se expandiram rapidamente para o norte e o oeste, ocupando os territórios dos neandertais[45]. À medida que substituía populações arcaicas do Velho Mundo, essa população moderna teria disseminado as características culturais do Paleolítico Superior[46]. Em outras palavras, os humanos

* Hoje sabemos que o *Homo sapiens* já estava presente na Etiópia há cerca de 200 mil anos e que o início de sua diferenciação remonta há 300 mil anos.

modernos só conseguiram entrar na Europa e substituir os neandertais após a RCPS, com sua superioridade tecnológica e de comunicação.

Assim, a RCPS conseguia explicar tanto a expansão do território dos humanos modernos como as mudanças do registro arqueológico por meio de um câmbio súbito no comportamento de nossa espécie. Essa teoria preconizava, portanto, duas etapas no desenvolvimento da modernidade: em um primeiro momento, teria surgido a modernidade anatômica que resultou, por exemplo, em uma capacidade craniana média de 1 350 cm^3. Entretanto, só a partir de 50 mil anos atrás, com o advento da RCPS, teria aparecido o humano comportamentalmente moderno, com todas as capacidades cognitivas que nos caracterizam atualmente, incluindo – principalmente – o comportamento simbólico.

Foi somente com o surgimento dessa modernidade comportamental que os territórios que pertenciam aos neandertais foram enfim conquistados, permitindo a expansão *sapiens* para a Europa e para o restante do mundo. Nessa formulação, era essencial determinar o que causou essa mudança abrupta. As explicações se dividiam em, principalmente, duas classes: as hipóteses socioculturais e as biológicas. Gibson[47], por exemplo, sugeriu que essa revolução foi na verdade apenas ativada de modo sociocultural por mudanças demográficas entre pessoas que já tinham capacidades cognitivas e neurológicas modernas. Outros estudiosos viam o aumento populacional no fim do Musteriense como gerador de intensa competição entre grupos sociais distintos, que, por sua vez, teria levado a uma taxa acelerada de inovações[48]. As teorias mais elaboradas, no entanto, referem-se à biologia do cérebro e ao impacto de possíveis mutações nesse órgão. Em uma época em que a visão dominante sobre os neandertais era a de que eles eram seres limitados e com cognição radicalmente inferior à nossa, foi proposto que o cérebro deles era dividido em domínios de inteligências específicas, que processavam as informações, mas pouco as integravam. No *Homo sapiens* dos últimos 50 mil anos, por outro lado, a teoria dizia que o cérebro era um conjunto de módulos conectados, em que havia tráfego livre de informações entre eles. Isso garantia maior capacidade de abstração e velocidade de pensamento[2,49]. Uma visão semelhante e mais genérica, que acabou se tornando a mais conhecida na defesa de uma Revolução do Paleolítico Superior, foi a de Klein[42,50-52].

Tendo conhecimento de que, nas fases anteriores da evolução humana, aumentos significativos no tamanho do cérebro coincidiram com avanços comportamentais, Richard Klein, da Universidade de Stanford, reconheceu que não havia nenhuma alteração anatômica significativa nos crânios *sapiens* com mais ou menos de 50 mil anos. Sabendo também que, ao longo dessa evolução, a seleção natural sempre privilegiou cérebros mais eficientes, o autor propôs que uma mutação nos circuitos desse órgão permitiu uma reorganização interna do cérebro que poderia ter sido responsável pelo grande salto qualitativo da cognição no Paleolítico Superior. A hipótese de uma mutação que integrou o cérebro moderno sem alterar a morfologia craniana seria, assim, a explicação mais econômica para o aparecimento relativamente abrupto do comportamento simbólico[42]. Antes desse período, morfologia e comportamento evoluíram em conjunto, de forma vagarosa. Após a RCPS, a anatomia permaneceu estável, enquanto a velocidade de mudanças comportamentais acelerou rapidamente, garantindo maior capacidade de adaptação a novas circunstâncias sociais e ambientais com pouca ou nenhuma adaptação fisiológica. A hipótese neural, no entanto, não é testável em fósseis, de modo que sempre teve um caráter especulativo. A natureza dessa mutação também foi alvo de especulação, mantendo-se sempre fixa apenas a ideia de que ela conectou os circuitos internos de uma nova maneira, mais eficiente. Uma das possíveis consequências dessa reorganização seria, por exemplo, o advento da fala, um dos mais importantes sistemas simbólicos de nossa espécie[50].

Em suma, o modelo da RCPS pode ser sintetizado da seguinte forma: primeiro, teria surgido o ser humano anatomicamente moderno para só então, milhares de anos mais tarde, surgir o ser humano comportamentalmente moderno. O comportamento moderno ou a cognição moderna envolveu uma mudança abrupta nos circuitos de nosso cérebro. Esse novo tipo de cognição engendrou uma explosão criativa em todos os domínios da vida material, além de ter nos transformado em uma esponja de significação. Em outras palavras, foi apenas após a RCPS que os humanos passaram a ter aquilo que poderíamos chamar, de maneira informal, de uma vida interior, ou de uma subjetividade, mediadas por uma rede de significados. O modelo da Revolução Criativa começou a colapsar, no entanto, com o trabalho seminal de Brooks e McBrearty[53].

No próximo capítulo, vamos examinar exemplos de possíveis comportamentos simbólicos anteriores ao Paleolítico Superior, com o objetivo de testar se o modelo da RCPS ainda pode ser sustentado.

3

Indícios

de comportamento simbólico anteriores ao Paleolítico Superior

Conforme afirmado no início deste livro, nos últimos 20 anos, mas sobretudo nos últimos dez, a ideia de que a produção de símbolos materiais e imateriais tenha ocorrido apenas há cerca de 50 mil anos, no Paleolítico Superior, constituindo uma verdadeira revolução, tem sido questionada por indícios bastante sugestivos de que a propriedade de significação tenha ocorrido em hominínios pré-*sapiens* – e mesmo nesses últimos – antes disso. Desse modo, este capítulo será organizado em três itens: indícios anteriores ao *Homo neanderthalensis*; indícios associados ao *Homo neanderthalensis*; e indícios anteriores a 50 mil anos, no contexto do *Homo sapiens*. À exceção de um artigo, concentramo-nos nas evidências geradas nos anos 2000, tendo em vista que sínteses dos indícios encontrados até o fim dos anos 1990 podem ser encontradas em Brooks e McBrearty[1], Barham[2] e White[3].

Indícios anteriores aos neandertais

O indício mais antigo já descrito como manifestação simbólica vem de Trinil, em Java, na Indonésia, onde Eugène Dubois encontrou, no fim do século XIX, os primeiros vestígios de *Homo erectus*: duas conchas fluviais, do gênero *Pseudodon*, em níveis estratigráficos datados entre 430 mil e 540 mil anos atrás, pelo método de argônio/argônio e por luminescência, que possivelmente apresentam modificações antropogênicas. Na verdade, uma das conchas foi usada como ferramenta, ao passo que a outra apresenta incisões geométricas na face exterior. Várias conchas do mesmo gênero apresentam perfurações próximas ao músculo adutor, que, quando acionado, abre as valvas dos moluscos. Joordens *et al.*[4] fizeram essa descoberta vasculhando a coleção Dubois depositada desde o século XIX no Museu de História Natural de Leiden, nos Países Baixos. Outra descoberta salientada pelos autores é que as conchas de *Pseudodon* encontradas em Trinil não representam uma população natural de moluscos localmente estabelecida. Elas foram, certamente, levadas para o sítio pelos *Homo erectus* locais para servir de alimento. Francesco D'Errico, um dos autores do trabalho, perfurou várias conchas usando dentes de tubarão (também presentes no sítio). Comparando os orifícios experimentalmente produzidos com aqueles encontrados em Trinil, concluiu que os últimos têm origem antropogênica. Nenhum outro predador de moluscos existente na região poderia produzir orifícios similares. Isso evidencia um alto grau de destreza e de conhecimento da anatomia de moluscos pelos residentes de Trinil. A concha "decorada" apresenta sulcos gravados na face exterior, dos quais os mais salientes são em forma de ziguezague (figura 3.1).

Essas gravações foram realizadas por objeto resistente, tendo em vista que experimentações efetuadas pelos autores demonstraram que apenas um objeto muito duro aplicado com grande força física poderia gravar o perióstraco e a camada subjacente de aragonita. Associando a destreza necessária para abrir as conchas com o uso delas como ferramentas e suporte para incisão de sulcos intencionais, torna-se evidente que o *Homo erectus* do Pleistoceno Médio de Java apresentava alta capacidade cognitiva. A grande crítica que pode ser feita ao trabalho é que as incisões geométricas encontradas em uma das conchas pode ser fruto do acaso. Cabe ressaltar que as primeiras incisões incontestáveis só aparecem no registro arqueológico 300 mil anos mais tarde[5, 6].

Nenhuma peça preencheu tanto o imaginário daqueles que defendem evidências de significado no Pleistoceno Médio do que a "estatueta" de Berekhat Ram, encontrada nas colinas de Golan, Israel. O sítio foi escavado na década de 1980[7, 8]. Trata-se de uma pedra com feições naturalmente humanoides que pode ter sido trabalhada por hominínios tentando aproximá-la ainda mais da morfologia corporal dos humanos (figura 3.2).

A antiguidade da camada arqueológica na qual o objeto foi encontrado está estimada entre 250 mil e 280 mil anos. Na verdade, a camada localiza-se entre dois derrames basálticos que foram datados por argônio/argônio entre 233 mil e 470 mil anos atrás. A indústria lítica da mesma camada é claramente acheulense, mas com uma peculiaridade: vários artefatos do Paleolítico Superior (buris, perfuradores e raspadores terminais) foram encontrados entremeados com os artefatos acheulenses. Artefatos musterienses (núcleos e lascas Levallois, raspadores laterais e denticulados) também foram encontrados na localidade. Com a exceção de um biface, todos os demais, oito ao todo, foram feitos sobre sílex. De acordo com Goren-Inbar[8], alguns homininios selecionaram um seixo natural de escória vulcânica, com formato humanoide, lembrando o corpo de uma mulher. A suposta estatueta tem 35 milímetros de comprimento, 25 milímetros de largura e 21 milímetros de espessura. O seixo foi posteriormente modificado por mãos humanas, sobretudo para delinear pescoço e cabeça. Duas reentrâncias pouco profundas foram gravadas lateralmente para criar os braços da "estatueta". A origem antropogênica desses sulcos foi questionada por vários autores (entre eles, Pelcin[9] e Davidson[10]). De acordo com Pelcin[9], a escória vulcânica pode apresentar reentrâncias e fissuras naturais no momento de sua ejeção e esfriamento. Goren-Inbar e Peltz[11] responderam a essas críticas, enfatizando que a "estatueta" não era, na verdade, feita de escória vulcânica, mas de tufo basáltico, tipo de material que não apresenta as feições naturais indicadas por seus oponentes. D'Errico e Nowell[12] analisaram detidamente a peça por meio de microscopia eletrônica, bem como outros seixos vulcânicos do sítio, e concluíram que, de fato, a peça foi modificada por humanos, acentuando sua morfologia humanoide. Esses autores descartaram, também, que as modificações efetuadas por mãos humanas foram feitas por motivos funcionais, ou ao acaso, mas argumentam que a peça não representa necessariamente uma estatueta feminina. Na verdade, as análises realizadas por D'Errico e Nowell[12] apenas confirmaram a origem misteriosa da "estatueta" de Berekhat Ram. Os autores tampouco estão convencidos de que o objeto seja produto de manifestação simbólica.

Bednarik[13, 14] descreveu a existência de uma "estatueta" de pedra, conhecida como a "estatueta" de Tan-Tan, no Marrocos (figura 3.3). Ela foi encontrada em um depósito fluvial na margem norte do rio Draa, poucos quilômetros ao sul da cidade de Tan-Tan. A estatueta foi encontrada em níveis sedimentares nos quais predominam artefatos do Acheulense Médio. Tendo em vista que esse Acheulense ocorre tanto no Marrocos quanto no Magreb, entre 300 mil e 500 mil anos, há uma grande possibilidade de que a estatueta de Tan-Tan remonte a esse período. Entretanto, como afirma o próprio autor, essa estimativa de idade, baseada na indústria lítica aparentemente associada, ainda precisa ser confirmada. De qualquer forma, ela foi encontrada muito perto de vários machados de mão (*hand-axes*) típicos do Acheulense. Ainda que Lutz Fiedler (o descobridor) declare que a peça foi encontrada *in situ*, em depósitos não alterados, o fato de a sedimentação local ter sido acumulada por processos fluviais dinâmicos questiona essa afirmação. A estatueta de Tan-Tan é de quartzito e mede 58 milímetros de comprimento, 26 milímetros de largura e 12 milímetros de espessura; seu peso não ultrapassa 10 gramas. Na verdade, trata-se de um objeto natural que foi coletado como manuporte (isto é, um objeto natural que parece artificial), tendo em vista sua forma inusual humanoide que foi posteriormente modificada de propósito para se parecer ainda mais com um humano. Bednarik[13, 14] afirma que, após modificada, ela foi coberta por uma pintura vermelha. Se o autor estiver correto ao atribuir-lhe a idade de 400 mil anos, essa seria a estatueta mais antiga já encontrada, até mesmo mais antiga que a de Berekhat Ram, discutida anteriormente e supostamente datada do Acheulense Tardio. Também seria o exemplo mais antigo da aplicação de corante. Essas duas supostas estatuetas têm em comum o fato de apresentarem formas humanoides, o que poderia representar uma preocupação com a antropomorfização da natureza. Duas principais críticas a esse achado têm sido feitas: primeiro, não está comprovado que a "estatueta" de Tan-Tan foi de fato modificada por hominínios; segundo, sua associação estratigráfica com o Acheulense Médio é bastante controversa.

Brooks *et al.*[15] reportaram o achado de pigmentos vermelhos e pretos em dois sítios da Idade da Pedra Média na bacia de Olorgesailie, no sul do Quênia. Olorgesailie é uma bacia lacustre, conhecida desde os anos 1970 como uma região extremamente rica em sítios arqueológicos da Idade da Pedra Antiga (de 500 mil a 1,2 milhão de anos atrás), escavados primeiro por Glynn Isaac, da Universidade de Harvard, e reportados em seu livro seminal do fim dos anos 1970[16]. Entretanto Brooks *et al.*[15] se concentraram em sítios mais recentes, datados entre 295 mil e 320 mil anos atrás. Além de terem encontrado artefatos musterienses típicos, os autores demonstraram que os hominínios que ali viveram levaram matéria-prima de mais de 100 quilômetros de distância, o que ultrapassa até mesmo o comportamento de caçadores-coletores atuais no referente à exploração de recursos ambientais. A partir disso, os autores sugerem que esses hominínios do Pleistoceno Médio mantinham ampla rede de comunicação, o que normalmente só é reconhecido para períodos muito mais recentes da Pré-História. Dos cinco sítios escavados, dois apresentaram resíduos de pigmentos minerais. No sítio BOK-1E 86, pequenos pedaços de rochas ricas em pigmentos escuros foram encontrados. Na verdade, esses fragmentos arredondados eram ricos em manganês. Esses pedaços de rocha escura foram todos encontrados associados à indústria lítica. Tendo em vista que esses minerais eram extremamente friáveis, não foi possível encontrar neles marcas de trituração. Por sua vez, no sítio GOK-1 foram encontrados dois fragmentos de pedra ricos em hematita. Um desses fragmentos mostrou concavidades nos dois lados. Inicialmente pensou-se que se tratava de um fenômeno geológico, mas análises microscópicas posteriores mostraram que essas concavidades convergentes tinham origem antropogênica. Desse modo, os autores sugerem que os fragmentos de hematita encontrados em GOK-1 são a evidência mais antiga já encontrada de manipulação de pigmentos e da tentativa de perfurar esse tipo de mineral (figura 3.4).

Indícios associados aos neandertais

Zilhão *et al.*[17] apresentam indícios bastante convincentes do uso de conchas marinhas e de pigmentos minerais entre os neandertais ibéricos por volta de 50 mil anos atrás, portanto, antes da chegada do *sapiens* àquela região. Esses indícios constituem-se em conchas perfuradas e uma concha impregnada por pigmento vermelho, cuidadosamente preparado e formado basicamente por hematita e pirita (figura 3.5). Os bivalves utilizados são do gênero *Acanthocardia, Glycymeris* e *Spondylus*, e esses vestígios foram encontrados na Cueva de los Aviones, na Espanha. Já em Cueva Antón, foi encontrada uma concha do gênero *Pecten* perfurada e pintada externamente com pigmento vermelho, preparado com base em goetita e hematita. Os autores argumentam que vestígios similares associados a humanos modernos, tanto na África quanto no Oriente Médio, são sempre interpretados como partes de ornamentos corporais e/ou de pintura corporal. A Pecten de Antón corresponde, cronologicamente, ao período de persistência tardia dos neandertais abaixo do rio

Ebro. Portanto, nesse caso, é difícil escapar da possibilidade de que o comportamento simbólico ali expressado pode corresponder a um processo de enculturação dos neandertais por parte de representantes do humano moderno. No caso da Cueva de los Aviones, as conchas foram encontradas em uma brecha que data, claramente, de 50 mil anos atrás, sugerindo fortemente que elas foram modificadas e utilizadas por neandertais, sem a influência de humanos modernos. Os autores concluem que não haveria uma correspondência entre anatomia moderna e comportamento moderno, base do modelo clássico da RCPS.

Roebroeks *et al.*[18] salientam que o uso de manganês e de óxido de ferro por neandertais tardios está ricamente documentado na Europa, especialmente entre 40 mil e 60 mil anos atrás. Esses achados têm sido interpretados como pigmentação, sobretudo para pintura corporal, embora isso ainda não tenha sido demonstrado formalmente. Os autores apresentam as evidências mais antigas de uso de ocre por parte dos neandertais (que datam entre 220 mil e 250 mil anos atrás). Dos oito sítios do Paleolítico Médio escavados por eles em Maastricht-Belvédère, nos Países Baixos, ao longo do rio Maas, o sítio C forneceu evidência abundante de uso de ocre pelos hominínios que ali habitaram. O óxido de ferro encontrado no sítio C foi transportado de uma distância de 40 quilômetros. Como partículas de hematita não foram encontradas nos demais sítios (à exceção de três no sítio F), fica evidente que as encontradas no sítio C têm origem antropogênica. Diferentemente de outros sítios europeus e africanos, a hematita ali encontrada não se apresentava em forma de fragmentos, mas em quinze minúsculas manchas impregnadas no sedimento matriz, visivelmente destoantes da cor original (figura 3.6). Roebroeks *et al.*[18] interpretaram essas manchas, que mediam apenas entre 2 e 9 milímetros, como respingo a partir de alguma substância líquida rica em óxido de ferro ali utilizada. Essa hipótese foi corroborada por experimentos posteriores efetuados pelos autores. Chama a atenção o fato de que todas essas manchas minúsculas foram encontradas no mesmo setor do sítio onde se concentraram partículas de carvão. Os autores são extremamente cuidadosos em interpretar o uso de hematita no sítio C como evidência de comportamento simbólico. Pesquisas efetuadas com grupos caçadores-coletores atuais e com experimentações mostram que o óxido de ferro pode ser empregado utilitariamente com diversas funções práticas: como parte de adesivos; como medicação interna e externa; para preservar comida; para curtir couro; e como repelente de insetos (para alguns exemplos, ver Wadley *et al.*[19,20], Velo[21] e Peile[22]). Nas palavras de Roebroeks *et al.*[18]: "[...] a nosso ver, não há motivo para assumir que a mera presença de óxido de ferro em um sítio arqueológico, seja neandertal ou de humano moderno, implique comportamento simbólico."**

Igualmente instigantes são as descobertas de Morin e Laroulandie[23] nos sítios de Combe Grenal e de Les Fieux, na França: garras de aves de rapina diurnas encontradas em níveis de 90 mil anos atrás, no primeiro sítio, e em níveis entre 40 mil e 60 mil anos atrás, no segundo. Portanto, em ambos os casos esse aproveitamento de garras de aves é anterior à chegada do ser humano moderno na Europa. No Paleolítico Médio, a interferência humana em ossos de aves é bastante rara. Dois sítios no Velho Mundo mostram, contudo, uma exploração intensa de avifauna como fonte de alimentação ou como matéria-prima nesse período: Caverna de Bolomor, na Espanha Oriental, datada por associação estratigráfica com artefatos líticos à transição Pleistoceno Médio/Pleistoceno Superior; e Gruta de Fumane, na Itália, com artefatos claramente musterienses e datados entre 40 mil e 45 mil anos atrás. No primeiro caso, a avifauna capturada foi utilizada primordialmente como fonte alimentar. No segundo caso, as marcas de corte foram efetuadas somente nos ossos das asas e dos pés, indicando, segundo os autores[23], o uso de partes específicas de aves para atividade simbólica entre os neandertais. Em ambos os casos os cortes foram efetuados com artefatos líticos. Em Combe Grenal foi encontrada uma garra de águia-dourada com duas marcas de corte em sua seção próximo-dorsal (indicações B e C da figura 3.7). Já em Les Fieux, foram encontradas duas garras de águia-rabalva com marcas de corte (indicações de D a G da figura 3.7). Uma vez que garras de pássaros não são comestíveis, elas provavelmente foram extraídas com o objetivo de se tornarem algum tipo de ferramenta ou de serem utilizadas simbolicamente, conforme sugerido para o abrigo de Meged, em

** "[...] in our view, there is no reason to assume that the mere presence of iron oxide at an archaeological site, whether Neandertal or modern human, implies symbolic behavior." (p. 1 893, tradução nossa.)

Israel, datado do Paleolítico Superior (há cerca de 20 mil anos)[24]. Para os autores[23], essas garras removidas mostram grande capacidade cognitiva dos neandertais, não devendo nada para seu quase contemporâneo, o ser humano moderno. A maior crítica a esses achados vem dos próprios autores[23]: é impossível descartar a hipótese de que essas garras removidas tenham sido utilizadas como instrumentos de trabalho. O fato de que garras foram utilizadas como adornos no Paleolítico Superior não necessariamente implica que isso também tenha ocorrido durante o Musteriense francês.

Finlayson *et al.*[25] também reportaram o uso de avifauna por parte dos neandertais em três cavernas do Estreito de Gibraltar: Gorgham, Vanguard e Ibex. Os três sítios estão claramente associados ao Paleolítico Médio e certamente foram ocupados pelo *Homo neanderthalensis*. As datações obtidas revelam que os sítios foram ocupados entre 29 mil e 57 mil anos atrás, antecedendo, portanto, a presença de humanos modernos na região. Os autores examinaram 604 elementos esqueletais de aves de rapina, de corvídeos e de falconídeos. Desses elementos, 33 mostraram marcas de corte feitas por instrumentos líticos, o que representa quase 6% do total. Cerca de 3% apresentaram marcas de quebra quando os ossos ainda eram frescos. A amostra analisada mostrou um viés significativo de ossos da asa (56%) quando comparados a ossos de outras partes do corpo, lembrando que as asas são escassas em termos de conteúdo alimentar. Dos ossos das asas, os úmeros e as ulnas foram os mais processados pelos hominínios (maior número de marcas de corte), justamente os ossos que dão suporte às penas maiores e mais pesadas. Ossos longos das pernas perfizeram aproximadamente 31% do total, ao passo que ossos do esqueleto axial compõem apenas cerca de 14% da amostra. Para excluir a possibilidade de essas diferenças estarem ligadas a fatores tafonômicos (por meio de conservação diferencial quando na terra), os autores efetuaram um teste de correlação entre densidade óssea de distintas partes dos esqueletos das aves e sua representatividade na Caverna de Gorham, de onde proveio a maior amostra de ossos. O teste demonstrou que o excesso de ossos de asas não pode ser explicado por razões tafonômicas e que, portanto, houve, de fato, uma escolha proposital e deliberada desses elementos. Para os autores[25], esse excesso demonstra que a extração de penas maiores, mais resistentes e visualmente mais atrativas da plumagem das aves fazia parte do comportamento usual dos neandertais de Gibraltar. Finlayson *et al.*[25] enfatizam que o caráter regular e sistemático desse comportamento é apoiado pelo fato de que o mesmo padrão foi observado nas três cavernas e em vários níveis estratigráficos da Caverna de Gorham. Evidentemente, os autores consideram a possibilidade de parte dessas aves ter sido também consumida como alimento, pois alguns ossos mostram marcas de queimadura, descarnamento e mordidas humanas. Além disso, o mesmo padrão de uso de recursos de avifauna foi encontrado no sítio Riparo Fumane, na Itália, a 2 mil quilômetros de Gibraltar[26]. Parece não haver dúvidas de que os neandertais estavam de fato interessados nas penas de raptores, corvídeos e falconídeos. Entretanto, não foi demonstrado – e provavelmente nunca será – que essas penas eram utilizadas em decoração corporal, como ocorre com diversas sociedades tribais atuais. Elas podem ter sido muito bem usadas para a fabricação de artefatos utilitários, como forro para o chão dos locais onde os neandertais dormiam. Um fato inquietante e relevante para a questão é que todas as penas tinham coloração negra. Mas, se a finalidade era utilitária, por que a fixação nessa coloração?

Na Caverna de Fumane, no norte da Itália, também há indício de manipulação simbólica entre os neandertais entre 45 mil e 47 mil anos atrás, portanto, anteriormente à chegada do ser humano moderno à região[27]: um fragmento de concha marinha fóssil (do Mioceno/Plioceno), *Aspa marginata*, aparentemente manipulada por hominínios intencionalmente. A jazida fóssil de onde provém a concha está a 100 quilômetros do sítio. Análises microscópicas efetuadas na parte externa revelaram *clusters* de estrias no lábio interno. Uma substância vermelho-escura foi identificada no interior de microporos, revelando que a face externa da concha foi totalmente coberta, um dia, por esse corante (figura 3.8).

Análises de raio-X dispersivo (EDX) e de Raman aplicadas a esses resíduos mostraram que eles eram constituídos de hematita pura. Entre quatro hipóteses elaboradas pelos autores para explicar o objeto, estes sugerem se tratar de uma concha transportada a longa distância e utilizada como pingente. Levando em consideração o contexto e a cronologia do sítio, os resultados parecem apoiar a ideia de que os neandertais que ocuparam o local transportaram e aparentemente tingiram uma concha que, posteriormente, foi exibida como um pingente, e que isso deve ter sido parte de uma cultura simbólica local, ainda durante o Musteriense. Uma complicação no sítio é que os níveis musterienses são superpostos por um nível estratigráfico claramente pertencente ao Aurinhacense, no qual, conforme esperado, ocorrem inúmeros adornos de conchas e intensa atividade de pigmentação, inclusive por ocre. Entretanto, conforme enfatizado por Peresani *et al.*[27], esses dois pacotes estão claramente separados por uma espessa camada estéril. Além disso, entre os oitocentos restos de conchas encontrados nos níveis do Paleolítico Superior, nenhum é de *Aspa marginata*. Teria sido a concha utilizada como repositório para carregar pigmentos? Neste ponto, cabe ressaltar que as fontes mais próximas de hematita estavam a uma distância de pelo menos 5 quilômetros da caverna. Essa hipótese é pouco provável, visto que a concha é muito pequena e não apresenta resíduos de pigmentação internamente. Além disso, as estrias observadas no lábio interior são compatíveis com uma fricção de longo prazo provocada por algum tipo de fibra.

As cavernas de Gibraltar também trouxeram outra novidade quanto ao possível uso de símbolos por parte dos neandertais, conforme reportado por Rodríguez-Vidal *et al.*[28]. Na Caverna de Gorham, já mencionada, os autores encontraram gravações de temas abstratos no piso da rocha-mãe, coberta por um nível musteriense. Trata-se, com certa liberdade poética, de um jogo da velha, fortemente inscrito na rocha (figura 3.9). Esses grafismos teriam idade superior a 39 mil anos, portanto, seriam anteriores à chegada do *Homo sapiens* na região. De acordo com os autores, os sulcos foram feitos por meio de incisões coordenadas e repetidas (entre 188 e 317), com muita força física e com o uso de algum artefato lítico contra a rocha. A precisão dos distintos episódios de gravação denota grande destreza por parte dos hominínios que gravaram a figura. Para os autores[28], isso exclui a possibilidade de não haver intencionalidade ou de haver finalidade utilitária, como no processamento de comida ou de couro. Eles sugerem que esse indício mostra a capacidade dos neandertais de pensarem simbolicamente e de expressarem esse simbolismo em grafismos rupestres. A maior crítica que se pode fazer ao trabalho é que, há 39 mil anos, o *Homo sapiens* já estava rondando a Europa[29-31], apesar de não haver na Península Ibérica vestígios de seres humanos modernos com mais de 30 mil anos. Rodríguez-Vidal *et al.*[28] asseveram que os petróglifos da Caverna de Gorham representam o primeiro exemplo desse tipo de vestígio no percurso evolutivo hominínio, tratando-se do primeiro caso de um processo de gravação não utilitária consciente, sistemático e preciso na História.

A Cueva de los Aviones é uma caverna marinha localizada no sudeste da Espanha, ocupada por neandertais e com vasta indústria lítica musteriense. Escavações realizadas na caverna encontraram conchas marinhas perfuradas e pintadas de ocre, corantes amarelo e vermelho e conchas utilizadas como repositórios de pigmentos extremamente elaborados[32, 33]. Uma brecha capeando o depósito arqueológico no qual esses vestígios foram encontrados foi datada entre 115 mil e 120 mil anos por séries de urânio; ou seja, esses vestígios são anteriores à presença do *Homo sapiens* na Ibéria. Tendo em vista suas descobertas, os autores[32, 33] sugerem que a capacidade de elaboração simbólica devia estar presente no ancestral comum entre o *Homo neanderthalensis* e o *Homo sapiens*, há cerca de 500 mil anos, apesar dessa proposta não ter nenhum embasamento empírico. O problema é que o sítio é formado por conglomerados marinhos, tipo de deposição extremamente dinâmica, como pode ser notado pelas excelentes fotografias publicadas por Hoffmann *et al.*[32]. Assim como as cavernas cársticas, essas cavernas são afetadas por ciclos de preenchimento e esvaziamento, fazendo com que sedimentos abaixo de capas de brechas não sejam necessariamente mais antigos que a brecha, sendo as capas muito mais resistentes à erosão.

Hoffmann *et al.*[32, 33] argumentam que a arte parietal tem sido associada exclusivamente ao *Homo sapiens* há não mais que 40 mil anos (ver o capítulo 2 para mais detalhes). No trabalho, os autores apresentam novas datações para três sítios de arte parietal na Península Ibérica, mais propriamente na Espanha. Essas datações foram obtidas por meio da técnica de urânio/tório aplicada a crostas calcíticas sobrepostas a desenhos geométricos em La Pasiega, na Cantábria (figura 3.10), a estênceis de mão em Maltravieso, na Extremadura (figura 3.11) e à tinta vermelha revestindo espeleotemas em Ardales, na Andaluzia (figura 3.12). Tomando essas evidências como um todo, os resultados sugerem que a arte parietal apareceu primeiro na Ibéria, há mais de 65 mil anos. Como o *Homo sapiens* só surgiu na Europa há cerca de 40 mil anos, Hoffmann *et al.*[32, 33] sugerem que esses grafismos rupestres foram produzidos pelos neandertais, comprovadamente presentes nessas regiões nesse marco temporal, e vão além: como não há arte figurativa representada nessas manifestações pictóricas, os autores sugerem que elas seriam uma extensão da pintura corporal desses hominínios. Ardales apresenta também uma evidência suplementar: representações pictóricas na caverna foram efetuadas em um intervalo de pelo menos 25 mil anos, demonstrando que essas manifestações não constituíram um episódio atípico e pontual, ou seja, elas podem representar uma longa tradição que recuaria há pelo menos 175 mil anos, datação que corresponde a uma "construção" anelar encontrada na Gruta de Bruniquel, na França[34].

Recentemente, as datações de calcita escorrida nesses sítios foram questionadas de forma contundente por Aubert *et al.*[35], White *et al.*[36] e Pons-Branchu *et al.*[37]. Esses autores questionam, principalmente, a escolha da metodologia para a datação das pinturas (séries de urânio de depósitos de carbonato sobre as pinturas), por não se tratar de uma datação direta (ou seja, questionam a relação dos depósitos com os pigmentos), o que a faz especialmente sujeita a interferências (principalmente a lixiviação de urânio) que influenciam o resultado das medições. Além disso, Aubert *et al.*[35] questionam se as marcações são de fato de autoria hominínia intencional, e não fruto de um processo natural, mencionando que até o momento não foi realizada análise físico-química dos pigmentos para esclarecer sua composição. White *et al.*[36] colocam ênfase na necessidade de comparar a metodologia escolhida para determinação da idade com outros métodos e chamam a atenção para os conflitos dessa datação com outros dados arqueológicos datados com carbono-14 (C-14).

Em resposta a Aubert *et al.*[35], Hoffmann *et al.*[38] consideram implausível que a deposição da cor vermelha tenha sido resultado de algum processo natural ou contato não intencional, considerando a posição e o padrão dos pigmentos nos estreitos recessos entre os espeleotemas. Também afirmam que analisar o perfil das camadas por meio de perfurações ou corte de núcleos teria um impacto demasiado destrutivo nos achados, o que impossibilita sua realização. Por fim, reiteram a adequação da metodologia empregada e a associação direta dos sedimentos datados com as pinturas. Em outra comunicação[39], endereçando dessa vez as críticas de White *et al.*[36], explicam que a metodologia empregada previne a contaminação das medições com as potenciais perdas de urânio, que existe mais de uma amostra com idade atribuída de mais de 50 mil anos e que o processamento dos sedimentos foi feito de acordo com metodologia previamente estabelecida. Os autores reiteram também que a idade mais antiga encontrada em um conjunto de amostras não é um *outlier,* e que as datas reportadas são de idades mínimas. Por fim, defendem a escolha de sua metodologia, afirmando que a datação por C-14 só pode ser aplicada em seletos casos de arte parietal, e que, consequentemente, a maior parte da arte em cavernas na Europa não é datada.

A datação de 175 mil anos corresponde, curiosamente, aos achados da Gruta de Bruniquel, na França[34]. Nessa caverna, foram encontradas estruturas formadas por quatrocentos fragmentos de estalagmite, constituindo dois grandes círculos e quatro acumulações menores. A estrutura circular maior tem dimensões máximas de 6,7 por 4,5 metros, ao passo que a menor tem 2,2 por 2,1 metros. As estalagmites usadas na estrutura maior também têm maior comprimento que as utilizados na menor, fortalecendo ainda mais a hipótese de intencionalidade na construção. Em todas as estruturas havia indícios de contato com o fogo; algumas partes apresentavam coloração avermelhada, e outras, coloração preta. Análises de características magnéticas confirmaram que essas regiões foram aquecidas, e todas essas construções foram encontradas a uma profundidade de 336 metros, onde nenhuma luz natural chega. Esses achados sugerem, em primeiro lugar, que os neandertais eram capazes de navegar profundamente em cavernas e tinham domínio do fogo. O significado dessas estruturas circulares e a colocação de fogo sobre elas, e não no chão, no entanto, permanece desconhecido e, sugere, assim, caráter simbólico.

Em 2021, foi divulgada a descoberta de uma falange de rena gigante (*Megalocerus giganteus*) adornada com dez linhas talhadas, na Caverna de Einhornhöhle, na Alemanha, datada de 51 mil anos[40]. Nesse osso, foram feitas seis marcas que se unem para formar cinco bifurcações, com ângulos regulares variando entre 92,3 e 100,5 graus, e quatro outras linhas paralelas. Essas marcações diferem muito de marcações não intencionais, e são muito mais profundas que marcas de corte normalmente feitas para obtenção de carne. Além disso, a hipótese de escarificação pode ser descartada por se tratar de uma falange, parte em que notadamente há pouquíssima carne. Os cientistas argumentam que o item não tinha nenhum uso prático, não podendo ser utilizado como superfície de processamento, por exemplo. Com relação a uso como pingente, a análise do desgaste do osso não foi conclusiva. Além disso, segundo os autores, a escassez de renas gigantes na região norte dos Alpes reforça a ideia de que a presença do objeto na caverna foi intencional e que se trata de um item de valor simbólico.

A associação da maior parte desses achados aos neandertais se justifica com base no que se sabe sobre o período de ocupação da Europa por neandertais e por *Homo sapiens*. Até hoje, os vestígios mais antigos dos últimos, confirmados por análise de DNA, datam de 44 mil anos, na Caverna de Bacho Kiro, na Bulgária[41]. Uma descoberta recente, porém, questiona esse panorama, e pode mudar radicalmente o que se sabe sobre a ocupação do Velho Continente. Slimak *et al.*[42] sugerem ter encontrado vestígios da presença de *Homo sapiens* na Grotte Mandrin, na França, de 54 mil anos. Em três décadas de escavações nesse sítio, os pesquisadores encontraram nove dentes hominínios e milhares de ferramentas de pedra. Uma camada específica, no entanto, apresenta conteúdo bastante diferente das demais: ferramentas semelhantes à tecnologia *sapiens* mais primitiva e um dente que pode ser atribuído a uma criança anatomicamente moderna. Todos os outros dentes encontrados no sítio, em contraste, se parecem com os de neandertais. Curiosamente, as ferramentas dessa camada se parecem com aquelas encontradas em sítios de idade semelhante no Oriente Médio, associados ao *Homo sapiens*, e em sítios do sul da França mais recentes, provavelmente associados a essa espécie. Os autores sugerem que o sítio foi ocupado brevemente por *Homo sapiens* ao longo de 40 anos, tendo sido anteriormente e posteriormente ocupado por *Homo neanderthalensis*. Não há indícios de contato ou trocas culturais entre as duas espécies. Essas conclusões, no entanto, são questionáveis principalmente pela ausência de análises de DNA dos dentes encontrados, e porque a semelhança das ferramentas encontradas com outros sítios *sapiens* não é universalmente aceita, podendo se tratar de particularidades de uma indústria local[43].

Assim, a atribuição de autoria de determinado achado apenas com base no que se sabe sobre o período de ocupação do território europeu é frágil. O avanço das tecnologias de análise e a crescente expansão do número de sítios escavados ano após ano tornam necessário revisar frequentemente o que se sabe sobre os fluxos migratórios das espécies homininias, e dificilmente há consenso sobre esses fluxos. Estudos como o de Harvati *et al.*[44], que sugerem a presença de um agrupamento de *sapiens* primitivos há 210 mil anos na Caverna de Apidima, na Grécia, seguidos por uma população neandertal há 170 mil anos, demonstram a necessidade de ter cautela na reconstrução desse passado e atribuição de comportamentos às espécies homininias.

Indícios associados ao *Homo sapiens* anteriores a 50 mil anos

Vanhaeren *et al.*[45] reportaram a descoberta de conchas de gastrópodes marinhos perfuradas nos sítios de Es-Skhul, em Monte Carmel, Israel, e no de Oued Djebanna, na Argélia (figura 3.13). No primeiro caso, essas contas foram encontradas no mesmo nível em que dez esqueletos de *Homo sapiens* foram exumados na primeira metade do século XX, com datação entre 100 mil e 135 mil anos atrás, por ressonância de *spin* eletrônico (ESR) e séries de urânio. Vale ressaltar que, na época da ocupação humana, o sítio distava entre 3,5 e 20 quilômetros do mar. Oued Djebanna é um sítio a céu aberto, localizado próximo à fronteira com a Tunísia, a cerca de 200 quilômetros de distância do Mediterrâneo.

A camada de onde provém a concha perfurada apresenta uma indústria ateriense típica, associada a artefatos musterienses, alguns deles confeccionados pela técnica *Levallois*. A única datação para essa camada mostra uma idade superior a 35 mil anos. As três conchas perfuradas encontradas nos dois os sítios são da espécie *Nassarius gibbosulus*. Um fator complicador é que furos semelhantes podem ser feitos por processos tafonômicos naturais e mimetizar aqueles feitos pelo ser humano. Tanto os furos encontrados em Es-Skhul quanto os em Djebanna foram detectados em baixíssima frequência em populações naturais atuais de *N. gibbosulus*. Por essa razão, e pelo fato de os sítios se encontrarem distantes da linha da costa, Vanhaeren *et al.*[45] optam por interpretar essas conchas perfuradas como contas de colar. Se os autores estiverem corretos, havia uma longa tradição do uso de conchas na África e no Oriente Médio, muito antes de o ser humano moderno chegar à Europa.

O sítio de Pinnacle Point é uma caverna marinha localizada de frente para o oceano Índico, em Mossel Bay, na África do Sul. Nas paredes há, cimentados, depósitos de artefatos da Idade da Pedra Média, ao passo que no piso da caverna ocorrem artefatos do mesmo período, mas não cimentados. Três áreas foram escavadas por Marean *et al.*[46], com ênfase na área mais antiga de ocupação humana. Esse nível está datado por luminescência oticamente estimulada em cerca de 165 mil anos atrás. Nessa época, a caverna encontrava-se entre 5 e 10 quilômetros distante do mar. A indústria lítica dessa camada associa artefatos musterienses típicos (técnica *Levallois*) com artefatos sobre lamelas, indústria que normalmente remete a períodos muito mais recentes. Nessa camada foram encontrados também 57 fragmentos de corantes, em um total de 94 gramas. Todos podem ser classificados como ocre vermelho. Desses, dez têm marcas inequívocas de uso e dois podem ter sido utilizados. É interessante observar o fato de que os fragmentos com sinal de utilização correspondem àqueles com coloração vermelha mais acentuada. Outro fator que chama a atenção é o extenso e intenso uso de moluscos marinhos como fonte de alimentação. Por milhões de anos, a dieta dos hominínios foi restrita a animais e plantas terrestres. Até as descobertas em Pinnacle Point, acreditava-se que a coleta de moluscos só teria ocorrido um pouco antes do Neolítico, no fim do Pleistoceno. De acordo com Marean *et al.*[46], a ocupação do litoral e a coleta de moluscos podem ter sido uma grande opção em momentos de glaciação, quando o clima era mais árido na África, provocando impacto negativo na disponibilidade de comida no interior do continente. Em resumo, as escavações em Pinnacle Point mostraram que a exploração intensiva de recursos marinhos e o uso de pigmentação corporal podem recuar ao surgimento do ser humano moderno no continente africano.

Bouzouggar *et al.*[47] também reportaram a ocorrência de possíveis contas de conchas (*Nassarius gibbosulus*) no sítio de Grotte des Pigeons (Gruta de Taforalt), em Berkane, Marrocos (figura 3.14). Atualmente, o sítio encontra-se a 40 quilômetros de distância do Mediterrâneo. Mais conhecido como Taforalt na literatura clássica, a caverna já havia sido escavada nos anos 1940, 1950 e na transição entre as décadas de 1960 e 1970, revelando um pacote arqueológico de cerca de 10 metros. Essas escavações revelaram também a ocorrência de artefatos aterienses do Paleolítico Médio nos níveis mais profundos e artefatos do Paleolítico Superior nos níveis mais superficiais. Na camada do Paleolítico Superior, foram encontrados cerca de 180 esqueletos humanos modernos. As supostas contas reportadas provêm, entretanto, de escavações realizadas pelos autores[47] no início dos anos 2000. As datações por luminescência e séries de urânio revelam que essas conchas têm cerca de 82 mil anos, e padrões de desgaste nas perfurações indicam que elas foram suspensas em algum tipo de cordão e, assim como no sítio de Blombos (localizado na caverna de Blombos, na África do Sul), foram pintadas com ocre. Bouzouggar *et al.*[47] não excluem, entretanto, que as perfurações possam ser naturais. Para os autores, isso mostra que esse tipo de manifestação cultural já ocorria na África e no Oriente Médio pelo menos 40 mil anos antes de acontecer na Europa. Chama a atenção o fato de que a mesma espécie de conchas marinhas tenha sido usada como ornamentos em Taforalt, Djebanna e Es-Skhul. Em Blombos, foram usadas conchas similares do mesmo gênero. Isso contrasta muito com o que ocorre no Paleolítico Superior europeu, no qual mais de 150 tipos diferentes de conchas foram usados como ornamentos até mesmo em uma mesma entidade cultural[48]. Isso indica a hipótese de que essas supostas contas do Paleolítico Médio tenham sido apenas uma manifestação material sem nenhuma correlação entre signo e significado. Mas o fato de o mesmo comportamento ocorrer na África do Sul, no Norte da África e no Oriente Médio durante várias gerações reforça a ideia de que, de fato, se tratava de uma manifestação simbólica.

Henshilwood *et al.*[5] reportaram para o sítio de Blombos a descoberta de 13 pedaços de hematita (ocre) gravados com figuras geométricas (figura 3.15). Esses fragmentos decorados foram encontrados em níveis datados entre 75 mil e 100 mil anos atrás. Na verdade, Henshilwood *et al.*[49] já haviam reportado dois bastões de ocre decorados para esse mesmo sítio. Ocre é o único material que foi decorado durante as três camadas de ocupação de Blombos. Como a maioria dos espécimes está quebrada, é difícil caracterizar o tipo inicial de suporte preferido para essas gravações, mas os dois pedaços encontrados inteiros mostram que foram utilizados suportes em formatos tanto de tablete quanto de bastão.

Alguns desses suportes foram "lixados" ou raspados antes de serem gravados, ou usados como fonte de pigmentos. Na maioria dos fragmentos, as incisões foram precisas, ao passo que em apenas alguns deles as incisões foram mais desordenadas. Quase todos os desenhos foram feitos usando linhas retas, com apenas algumas delas ligeiramente curvas. Embora tenha havido mudanças nas técnicas de gravação e variação nos estilos das figuras, todas geométricas, as evidências mostram que essa tradição de decorar pedaços de ocre durou pelo menos 25 mil anos em Blombos. O fato é que nenhuma das figuras parece representar elementos do mundo natural. De acordo com Henshilwood *et al.*[5], tendo em vista que um mesmo fragmento foi usado tanto como fonte de pigmento quanto como suporte para decoração, essas figuras podem ter sido usadas como modelos ou "rascunhos" para decoração de outros suportes, como pele humana e animal, madeira e pedra, com o pó de ocre obtido dos mesmos fragmentos por meio de raspagens. É evidente que isso não passa do plano conjectural, mas os autores admitem que é impossível reconstituir o contexto no qual esses fragmentos de ocre decorados foram utilizados – muito menos por que foram descartados.

Diepkloof é um abrigo sob-rocha localizado no Cabo Ocidental, na África do Sul, cujas escavações foram relatadas em publicações, inclusive por Texier *et al.*[50]. Nessa publicação, os autores apresentam, de forma pormenorizada, 270 fragmentos de casca de ovos de avestruz intencionalmente decoradas (figura 3.16), datadas de aproximadamente 60 mil anos. Para eles, esse é o exemplo mais antigo de uma tradição de gravação com extensa distribuição na África. Os traços são lineares e feitos sobre cascas de ovos de avestruz utilizados como repositórios, provavelmente de água, como ocorre hoje no continente africano entre vários grupos etnográficos, como os !Kung, do Kalahari. Embora fragmentos de ovos de avestruz sejam encontrados em toda a sequência do sítio (que abrange de 40 mil a 130 mil anos atrás), os fragmentos decorados estão restritos ao complexo lítico Howiesons Poort, típico da Idade da Pedra Média tardia do sul da África. Cabe ressaltar que as figuras são exclusivamente geométricas. A produção padronizada e repetitiva de motivos decorativos nessas cascas sugere um sistema de representação simbólica no qual identidades coletivas e expressões individuais são claramente comunicadas, sugerindo comportamento social, cultural e cognitivo típicos do *Homo sapiens*[50]. O surgimento e o desaparecimento um tanto abruptos dessa tradição ao longo da estratigrafia do sítio precisam ser mais bem compreendidos. Outra informação que ainda gera dúvidas é que vários sítios do complexo Howiesons Poort já foram escavados na África, mas apenas em Diepkloof foram encontradas cascas de ovos decoradas.

A descoberta de pigmentos em sítios do Paleolítico Médio é de grande interesse, tendo em vista o debate sobre quando se deu o início do pensamento simbólico na evolução humana. D'Errico *et al.*[51] apresentaram evidências de quatro fragmentos de pigmento identificados nas coleções oriundas das escavações do abrigo Es-Skhul e Monte Carmel, em Israel, realizadas na primeira metade do século XX e levadas para o Museu de História Natural de Londres. Esses quatro fragmentos provêm da camada B do sítio e variam do amarelo ao vermelho. Foi na camada B que, também na primeira metade do século XX, foram encontrados vários esqueletos humanos datados de aproximadamente 100 mil anos atrás. Esses fragmentos foram analisados por meio de técnicas distintas e mostraram diferentes composições minerais. Pelo menos três fragmentos foram aquecidos a no mínimo 300 graus Celsius, desidratando goetita em hematita e transformando a cor original de amarelo em laranja ou vermelho. O fato de os quatro fragmentos terem composições minerais distintas sugere fontes geológicas diferentes. Os autores[51] concedem, no entanto, que não é possível provar que os fragmentos tenham sido aquecidos deliberadamente. Entretanto, se esse fosse o caso, muitos outros fragmentos de pigmentos deveriam ter sido encontrados no sítio, o que não ocorreu. Portanto, a hipótese de esses minerais terem sido aquecidos deliberadamente ainda é a melhor escolha. Não há, no entanto, como comprovar se esses pigmentos foram utilizados para finalidades funcionais ou simbólicas. Na Caverna de Qafzeh, próxima a Es-Skhul e mais ou menos contemporânea a ela, foram encontrados vários líticos tingidos de vermelho, o que pesa a favor da hipótese funcional. Mas a ocorrência de conchas marinhas na camada B de Es-Skhul[45] e em cavernas do Norte da África[47], com ocre em suas faces internas, conforme mencionado, pesam a favor do uso de tais objetos com finalidades simbólicas.

Conforme já citado, o sítio de Blombos, na África do Sul, tem sido uma fonte quase inesgotável de evidências de atividade simbólica anterior ao Paleolítico Superior. Henshilwood *et al.*[52], por exemplo, acreditam ter encontrado ali, nas escavações de 2008, evidências de um ateliê de processamento de ocre datado de aproximadamente 100 mil anos atrás. As datações foram efetuadas por meio de duas técnicas distintas: luminescência opticamente estimulada e urânio/tório. Os autores encontraram nessa mesma camada dois *kits* associados à produção e à estocagem de ocre. O primeiro *kit* é formado por uma série de artefatos acima e abaixo de uma concha de abalone (*Haliotis midae*). Um seixo de quartzito encontrava-se encravado na concha e mostra sinais de uso como percutor e triturador (figura 3.17). A face superior está manchada com ocre vermelho e encrustada com fragmentos de osso trabecular. Quando o seixo foi removido, surgiu, aderido à face interna da concha, uma camada de 5 milímetros de uma substância vermelha, coberta por uma camada de areia ocre de cor caqui. Acima desse conjunto foi encontrado um fragmento de lasca de quartzito coberto com pó de ocre em todas as faces, uma pequena lasca de quartzito aderida à concha e uma outra lasca da mesma matéria-prima. Abaixo da concha havia uma porção distal de ulna de canídeo com resíduos de ocre, uma escápula de foca com vários pontos de ocre na superfície lateral, uma vértebra quebrada de bovídeo, uma lasca de quartzito com resíduos de ocre – indicando ter sida usada como um moedor – e duas outras lascas do mesmo material, uma delas com pó de ocre em uma de suas arestas, também sugerindo utilização como moedor. O segundo *kit* também era formado por uma concha de *Haliotis midae* quebrada após ter sido depositada no local com uma substância vermelha no interior. Essa substância é muito similar àquela que foi encontrada no primeiro *kit*. Depois de abandonada, a concha foi também coberta por areia eólica oriunda de dunas próximas ao sítio. Um pequeno núcleo de quartzito foi encontrado dentro da concha, próximo à margem anterior, que foi claramente usado como moedor. Um grande fragmento de ocre composto de rocha ferruginosa foi encontrado a 5 centímetros da concha. Não há dúvida de que ele foi friccionado contra uma pedra mais dura para produzir pó de ocre. As duas conchas de *Haliotis* provêm da orla marítima, algumas centenas de metros distante do sítio; os pigmentos ferruginosos distam alguns quilômetros; e os demais componentes estavam disponíveis nas cercanias da caverna. O uso da substância encontrada nas conchas não é de fácil interpretação, apesar da detalhada análise físico-química realizada pelos autores. Nenhum tipo de resina ou cera foi detectado nessa substância, afastando a possibilidade do uso como aderente para encabamento. Ela também pode ter sido usada para pintar, colorir ou proteger algum tipo de superfície. A proximidade entre os dois *kits* (16 centímetros de distância) sugere que tenham sido usados ao mesmo tempo. Além disso, como foram deixados *in situ* e como quase não há outros materiais arqueológicos na camada onde foram encontrados, tudo parece indicar que foram usados naquele momento apenas como um ateliê de processamento de pigmentos e que foram abandonados logo após a fabricação das duas substâncias. De acordo com Henshilwood *et al.*[53], as evidências encontradas em Blombos em 2008 sugerem fortemente que o *Homo sapiens*, desde sua origem, tinha alguns conhecimentos elementares de química, bem como a habilidade de planejamento de longo prazo, sem falar no uso de corantes para possíveis comportamentos simbólicos.

Vanhaeren *et al.*[54] apresentaram novas evidências de 24 conchas perfuradas de *Nassarius kraussianus*, encontradas em quatro níveis da ocupação da Idade da Pedra Média, em Blombos (de 75 mil a 100 mil anos atrás). Supõe-se que essas 24 contas faziam parte de um mesmo ornamento (figura 3.18). Elas foram encontradas juntas, em um mesmo dia de escavação. Informação contextual e análises tecnológicas, morfométricas e de sinais de utilização permitiram aos autores reconstruir a via mais provável de como as contas de *Nassarius* foram dependuradas. Essas conchas são encontradas facilmente nos estuários do sul da África. As análises envolveram também experimentação com conchas atuais, o que revelou que as contas eram enfileiradas em posições alternadas, formando adornos em pares simétricos e justapostos. Para serem vistas juntas, era necessário um cordão de, ao menos, 10 centímetros. Por isso, é difícil determinar se elas constituíam um colar, um bracelete ou um adorno de cabeça. Neste ponto, cabe ressaltar que Vanhaeren *et al.*[54] incluíram também 68 outras contas de colar feitas de concha apresentadas em outras publicações prévias, cobrindo um extenso período.

A análise desse conjunto total revelou continuidades e variabilidade ao longo do tempo na produção desses adornos, de um ponto de vista tanto tecnológico quanto estilístico. As contas de Blombos documentam um dos primeiros exemplos de modificações em normas sociais que afetam a produção e a estilística de cultura material simbólica, afirmam os autores. Isso significa que o *Homo sapiens* já estava usando contas como adornos pessoais na África pelo menos 30 mil anos antes de isso ser uma prática comum no Paleolítico Superior da Europa. Conforme salientam Vanhaeren *et al.*[54], é difícil saber se as modificações tecnológicas e estilísticas detectadas entre os níveis mais antigos e mais recentes são resultado da modificação de normas sociais dentro de um mesmo grupo ao longo do tempo ou se resultam da substituição de um grupo por outro, mas dentro de uma mesma grande tradição cultural.

Aubert *et al.*[55] descreveram um achado bastante peculiar, não anterior a 50 mil anos, mas geograficamente muito sugestivo: a presença de arte parietal na ilha de Sulawesi, na Indonésia, tão antiga quanto aquela produzida na Europa pelo *Homo sapiens*. A técnica utilizada para as datações foi a de séries de urânio, bastante consolidada para a datação de calcita. Foram datados grafismos rupestres de sete cavernas do *karst* de Maros-Pangkep, o que incluía estênceis de mãos e duas figuras de animais. Os estênceis foram datados de ao menos 40 mil anos, ao passo que a arte figurativa foi datada de ao menos 35 mil anos. Assim, as cavernas de Maros contêm os estênceis mais antigos do planeta (figura 3.19) e algumas figuras de animais mais antigas do mundo. Digno de nota é que o ser humano moderno chegou àquela parte do planeta há cerca de 50 mil anos. As descobertas em Sulawesi sugerem que a arte figurativa já era parte do repertório dos primeiros humanos modernos que chegaram à região. É possível que a arte parietal tenha surgido independentemente no extremo oeste e no extremo leste do Velho Mundo, ou que desde sua saída da África, e talvez até mesmo antes, os humanos modernos já tivessem um rico repertório de grafismos rupestres.

A última evidência de cultura material associada a possível comportamento simbólico apresentada na literatura até o fechamento deste livro advém da publicação de Henshilwood *et al.*[56], mais uma vez obtida no sítio de Blombos, durante as escavações de 2011. Trata-se de uma lasca de silcreto datada de aproximadamente 73 mil anos atrás, mostrando na sua plataforma de lascamento desenhos em forma de hachuras feitos com *crayon* de hematita (figura 3.20). Apenas com o intuito de rememoração, o sítio de Blombos contém um depósito da Idade da Pedra Média muito bem estratificado, datado entre 72 mil e 100 mil anos atrás. Os níveis entre 73 mil e 77 mil anos, de onde provém a lasca decorada, apresenta uma indústria lítica tipicamente Still Bay. A lasca apresenta as seguintes dimensões: 38 milímetros de comprimento, 13 milímetros de largura e 15 milímetros de espessura. A superfície na qual as hachuras foram desenhadas foi claramente polida antes da ação do *crayon* de ocre. Ao todo, foram encontradas seis linhas retas subparalelas, cruzadas por três linhas ligeiramente curvas. Como essas linhas terminam de forma abrupta nas arestas da lasca, Henshilwood *et al.*[56] acreditam que, originalmente, essas linhas eram mais extensas, cobrindo uma área maior do bloco antes do lascamento. Análises microscópicas efetuadas na superfície decorada mostraram que ali havia também resíduos dispersos de hematita. Isso levou os autores à conclusão de que a lasca fazia parte, originalmente, de um moedor de pigmentos. Para os autores, esses desenhos demonstram a habilidade dos primeiros *Homo sapiens* da África do Sul de produzirem grafismos em vários tipos de meios usando diferentes técnicas.

Coda

Este trabalho foi iniciado com a caracterização do *Homo sapiens* como uma espécie eminentemente simbólica, sendo essa característica ausente em todos os demais animais, aí incluídos os monos, nossos parentes mais próximos. Todas as características que no passado foram usadas para definir o que é humanidade caíram por terra uma a uma nos últimos 40 anos, e hoje está evidente que o único traço unicamente humano é o comportamento simbólico, ou seja, produzir e manipular símbolos em um contexto de significação subjetiva e intersubjetiva. Portanto, indicar no registro fóssil quem teria sido o primeiro hominínio a ter na mente um "módulo" de significação é essencial para definirmos desde quando existe no planeta algo que podemos chamar de humano. Até o momento, tudo indica que a capacidade de atribuir significado às coisas, aos fatos e à vida ocorreu em momentos bastante tardios da evolução hominínia, como os registros apresentados parecem não deixar dúvidas. Neste ponto, cabe lembrar que a linhagem hominínia começou a se diferenciar no planeta há cerca de 7 milhões de anos. Os primeiros indícios inequívocos de comportamento simbólico pouco ultrapassam 130 mil anos, quando muito.

Também discutimos nos primeiros capítulos que os autores se dividem em dois grandes grupos no que diz respeito à origem do significado na evolução humana: os que podemos denominar de "continuístas" e os "descontinuístas" ou "revolucionários". No primeiro grupo estão aqueles que acreditam que a capacidade de simbolização evoluiu de forma lenta e gradual, como ocorreu com a bipedia, o cérebro, os caninos, o

tamanho dos demais dentes e o encurtamento da face. Para eles, o embrião do comportamento simbólico já poderia ser encontrado entre o *Homo heidelbergensis*, durante o Pleistoceno Médio, e essa capacidade incipiente tomaria novo impulso nas duas espécies que dele descenderam: os neandertais e os humanos modernos. Os autores do segundo grupo defendem uma ideia diametralmente oposta: acreditam que a capacidade simbólica teria ocorrido apenas nos últimos 50 mil anos e estaria atrelada exclusivamente ao *Homo sapiens* pós-Revolução Criativa do Paleolítico Superior. Para esse segundo grupo, o fenômeno foi abrupto e explosivo e deve ter correspondido a uma modificação genética no cérebro que levou à produção de símbolos e de significação.

O extenso levantamento bibliográfico feito e apresentado neste trabalho parece indicar um meio-termo entre esses extremos. Conforme deve ter sido apreendido pelos leitores, os indícios de comportamento simbólico no Pleistoceno Médio são temerários. Portanto, é difícil imaginar que as duas espécies derivadas do *heidelbegensis* tenham herdado do ancestral comum a capacidade de atribuir significado às coisas, ao mundo e à vida (para uma visão alternativa sobre quem foi o último ancestral comum entre *sapiens* e neandertais, ver Stringer[1]). Assumindo que os neandertais também tinham capacidade de simbolização, algo que discutiremos adiante, essa propriedade teria surgido de forma independente entre eles e o ser humano moderno, o que não é propriamente parcimonioso de um ponto de vista evolutivo.

A ideia da Revolução Criativa do Paleolítico Superior, desde sua concepção nos anos 1990, era, sem dúvida, extremamente influenciada por uma visão eurocêntrica. Ali, de fato, o registro arqueológico mostra um verdadeiro espetáculo artístico e tecnológico abrupto, conforme também apresentado neste ensaio. A questão é que, até meados

dos anos 1990, poucos sítios entre 30 mil e 100 mil anos haviam sido escavados na África, por exemplo. Assim que essas escavações foram iniciadas tanto em Katanda, na República Democrática do Congo, quanto em Blombos, começaram a surgir evidências antigas de comportamento complexo, como uso de ocre, utilização de conchas como adornos corporais e até mesmo intrincados processos de preparação de pigmentos[2].

É provável que novas escavações na África, no Oriente Médio e mesmo no leste da Ásia confirmem aquilo que emergiu das poucas escavações ali empreendidas em sítios datados entre 30 mil e 100 mil anos atrás: que o *Homo sapiens* vem utilizando, desde há muito, adornos e pigmentação corporal. Algo, no entanto, deve ser salientado: os humanos modernos surgiram na África há cerca de 200 mil anos[1] e não há até o momento qualquer indicação de que teriam comportamento simbólico antes de 130 mil anos atrás. Ou seja, a ideia de Klein[3, 4] de que primeiro surgiu o ser humano anatomicamente moderno para somente depois surgir o ser humano comportamentalmente moderno parece se manter. É só uma questão de retroagir o relógio em 100 mil anos.

Outro pormenor que também chama a atenção é o fato de que o Paleolítico Superior na África não mostra a exuberância com a qual se desenvolveu na Europa. As manifestações artísticas ali datadas desse período são tímidas, para dizer o mínimo. Alguns autores sugerem que o embrião do comportamento simbólico encontrado, por exemplo, em Blombos, talvez não tenha vingado, nem tenha produzido uma rede de intersubjetividade sustentada, como ocorreu na Europa. Novamente, serão necessárias novas escavações na África para que essa questão seja respondida de maneira apropriada. Há um outro ponto que não pode ser minimizado nessa discussão: se os humanos modernos já tinham comportamento simbólico, que também os levou a uma explosão tecnológica, por que eles só teriam deixado a África, de forma retumbante, há 50 mil anos, tendo então ocupado todo o planeta? Para uma visão distinta, ver Liu *et al.*[5], Harvati *et al.*[6] e Slimak *et al.*[7]; veja uma crítica a essa visão distinta em Michel *et al.*[8].

E quanto aos neandertais? Durante mais de duas décadas, a existência de comportamento simbólico entre os neandertais baseava-se nas evidências encontradas em dois sítios franceses: Saint-Césaire e Grotte du Renne[9-13]. Nos dois casos, foram encontrados adornos feitos sobre marfim, osso e dentes. Ocorre que as datações dos estratos onde esses objetos foram encontrados variam em torno de 35 mil anos. Como o *Homo sapiens* já estava perambulando pela região nessa época, esses adornos encontrados associados a neandertais foram interpretados como exemplos de enculturação. Em outras palavras, os neandertais, ao se encontrarem com os humanos modernos na região, teriam copiado esses adornos (pingentes e anéis). Se esse for o caso, a grande pergunta que se coloca é a seguinte: ao incorporar à sua cultura material elementos de adornos corporais, os neandertais estavam simplesmente emulando algo que não entendiam, mas que lhes chamava a atenção, ou estavam conscientes do que significava, em termos simbólicos, um adorno corporal? Alguns autores também indicaram a hipótese de que esses objetos teriam sido roubados dos modernos, mas, durante as escavações de ambos os sítios, foram encontrados resíduos dos ossos que foram utilizados na fabricação dos adornos. Ou seja, não há dúvidas de que os objetos foram fabricados *in situ* possivelmente (mas não necessariamente) por neandertais.

Entretanto, conforme já apresentado de forma pormenorizada anteriormente, a partir de 2010 uma série de evidências vem sugerindo, fortemente, que os neandertais também apresentavam comportamento simbólico. Essas evidências provêm principalmente da Espanha, abaixo do rio Ebro, do Estreito de Gibraltar e da França. Os usos de pigmentos, de conchas como pingentes, de garras de aves com a mesma finalidade e até, eventualmente, de penas negras como adornos corporais perfazem o novo *kit* de possível comportamento simbólico entre os neandertais. Embora algumas dessas evidências possam ser questionadas, como é o caso do uso de penas para adornamento corporal, as recentes publicações de Hoffman *et al.*[14, 15] que dão conta de grafismos rupestres na Espanha com mais de 65 mil anos, se confirmados por outros métodos de datação, poderiam selar a discussão: os neandertais tinham, de fato, comportamento simbólico. Mas neste ponto entra a mesma questão levantada anteriormente: se o *Homo neanderthalensis* tinha capacidade de expressão simbólica, por que essa não se tornou exuberante como a do Paleolítico Superior europeu? Outra pergunta pertinente: se os neandertais já perambulavam pela Europa há cerca de 200 mil anos, por que demoraram tanto para se expressar simbolicamente? E por que justamente quando o *Homo sapiens* já estava nos arredores?

Não podemos deixar de enfatizar que essas evidências de comportamento simbólico entre os neandertais se assentam sobre bases muito questionáveis: processamento e uso de ocre; e grafismos rupestres datados por capas de calcita que escorreram pelas paredes dos abrigos e grutas e os cobriram parcialmente. Como mencionamos anteriormente, o ocre é extensamente utilizado por grupos caçadores-coletores e tribais atuais para inúmeras funções utilitárias. Por sua vez, as datações dos grafismos rupestres por urânio/tório também são bastante questionáveis: primeiro, porque a incorporação de grãos de argila em calcita pode alterar profundamente as datas obtidas; segundo, porque o urânio presente na calcita pode ser lixiviado pela ação da água que também escorre pelas paredes dos maciços calcários, resultando datações mais antigas do que realmente são. Outra questão relevante nesse contexto é: se os neandertais desenvolveram pensamento simbólico há cerca de 60 mil anos, porque isso não implicou em uma explosão tecnológica, como ocorreu com o *Homo sapiens*?

Resultados publicados nos últimos anos não deixam dúvidas de que neandertais e humanos modernos foram capazes de romper a alteridade biológica, tendo se cruzado[16]. Hoje, 2% dos genes da maior parte da população do planeta (exceto da África) são herdados dos neandertais. Se esses 2% de genes neandertais hoje representados em cada um de nós forem unidos, podemos dizer que cerca de 35% do genoma neandertal está preservado. Embora isso não seja uma condição *sine qua non* para que os humanos e os neandertais tenham vencido a alteridade genética, agora que sabemos que sua alteridade cultural pode ter sido muito menor do que a imaginada até recentemente, é possível que a troca gênica tenha sido facilitada. Em outras palavras, o estranhamento étnico entre as duas espécies pode ter sido muito menor do que normalmente assumimos.

Agora que sabemos que os neandertais podem ter tido comportamento simbólico, ainda que modesto, voltamos à pergunta inicial deste livro: o que define o humano? O que é essencial e exclusivamente nosso? O que fazer agora que o último umbral pode ter caído por terra? Embora a pergunta seja exasperante, talvez haja uma forma digna de acomodar o novo cenário, ou seja, tratar neandertais e nós como apenas subespécies de uma mesma espécie: *Homo sapiens neanderthalensis* e *Homo sapiens sapiens*, conforme predominou na literatura paleoantropológica até os anos 1970. Isso resolveria também a troca gênica ocorrida entre esses dois grupos, visto que, formalmente – apesar de ser uma grande simplificação da realidade –, espécies distintas supostamente não trocam genes na natureza. Mas há um óbice a essa proposta. Há consenso entre os autores de que neandertais e humanos modernos têm histórias evolutivas independentes com cerca de 500 mil anos. Essa afirmação deriva de estudos tanto morfológicos quanto moleculares (consultar Prüfer *et al.*[16], Weaver[17], Stringer[18] e Endicott *et al.*[19]; para estimativas de até 750 mil anos, ver Meyer[20]). Essa profundidade temporal fala a favor de uma diferenciação no nível de espécie, até porque ambas as linhagens estiveram submetidas a condições ambientais muito distintas: o frio europeu e a tórrida África.

Outro óbice a essa proposta vem de estudos recentes sobre morfologia neurocraniana. Neubauer *et al.*[21] estudaram, de forma pormenorizada, a evolução do formato do crânio desde o *Homo erectus* até o humano moderno, em especial, no período entre 35 mil e 300 mil anos, quando nossa linhagem se estabeleceu[22]. Os humanos modernos têm um cérebro grande e globular, o que nos distingue de nossos antecessores, cujo neurocrânio é comprido e baixo (oval), incluindo aí os neandertais. A forma globular do endocrânio é dada por uma região frontal alta, pelo abaulamento dos parietais e por uma área cerebelar grande e arredondada. Ela se desenvolve durante o período pré-natal e o início do período pós-natal, caracterizado por um rápido crescimento do cérebro, delicado e necessário para formar a circuitaria neural do nosso desenvolvimento cognitivo. Entretanto, até o estudo de Neubauer *et al.*[21], não se sabia quando e como essa globularidade evoluiu e como essa característica estaria correlacionada ao aumento do tamanho da caixa craniana. Utilizando tomografia computadorizada e morfometria geométrica, os autores analisaram réplicas endocranianas de vinte fósseis de *Homo sapiens* de diferentes períodos (de 190 mil a 300 mil anos; de 115 mil a 120 mil anos; e de 8 mil a 36 mil anos). Os resultados mostraram que há 300 mil anos o tamanho do crânio atual já estava fixado em nossa linhagem (e na dos neandertais, mas por vias distintas). A forma globular, entretanto, evoluiu mais tardiamente e de forma gradual apenas no *Homo sapiens*, alcançando o formato atual somente entre 35 mil e 100 mil anos atrás. Infelizmente, há um hiato de fósseis nesse período, não sendo possível datar com precisão quando, nesse intervalo, o fenômeno se deu. De qualquer forma, os resultados obtidos por Neubauer *et al.*[21] mostram que essa transição de morfologia ocorreu em paralelo ao surgimento do comportamento moderno, ou seja, do comportamento simbólico, o que não deixa de ser intrigante. Como os neandertais não apresentam essa morfologia globularizada de cérebro, fica a pergunta de como podem ter tido comportamento simbólico. A resposta ofertada pelos autores[21] é que essa capacidade devia ser apenas emergente, caso os neandertais realmente apresentassem capacidade de significação, como aliás sugerem a simplicidade das evidências simbólicas entre eles, anteriormente retratadas.

Em suma, com as evidências geradas nos últimos vinte anos – mais especialmente nos últimos dez –, o bom e velho modelo da Revolução Criativa do Paleolítico Superior para explicar o surgimento do comportamento simbólico parece agora insustentável. Não há dúvidas de que indícios desse tipo de comportamento datam de pelo menos 130 mil anos, incluindo humanos modernos anteriores a 50 mil anos, bem como, talvez, os neandertais. Diante disso, é possível que, para manter nossa humanidade, tenhamos que reparti-la para não a perdermos completamente.

Notas

1. O que é ser humano?

1. DUGATKIN, L. A. *Principles of animal behavior.* 4. ed. Chicago: University of Chicago Press, 2019.
2. DUNBAR, R. The social brain hypothesis and its implications for social evolution. *Annals of Human Biology,* v. 36, n. 5, p. 562-572, 2009. Disponível em: https://tinyurl.com/2hcxkp5m. Acesso em: 21 mar. 2025.
3. WAAL, F. de. *Tree of origin*: what primate behavior can tell us about human social evolution. Cambridge: Harvard University Press, 2001.
4. KAPPELER, P. M.; SCHAIK, C. P. van. Evolution of Primate Social Systems. *International Journal of Primatology,* v. 23, n. 4, p. 707-740, 2002. Disponível em: https://link.springer.com/article/10.1023/A:1015520830318#citeas. Acesso em: 21 mar. 2025.
5. ARISTÓTELES. *Política.* Edição completa. Tradução: Elisa Gonzalez. Scotts Valley (CA): Createspace Independent Publishing Platform, 2016.
6. BRUNET, M. *et al.* A New Hominid from the Upper Miocene of Chad, Central Africa. *Nature,* v. 418, p. 145-151, 2002. Disponível em: https://www.nature.com/articles/nature00879. Acesso em: 21 mar. 2025.
7. HAILE-SELASSIE, Y. Late Miocene Hominids from the Middle Awash, Ethiopia. *Nature,* v. 412, p. 178-181, 2001. Disponível em: https://www.nature.com/articles/35084063. Acesso em: 21 mar. 2025.
8. STOCKING JR. G. Bones, bodies, behavior. *In*: STOCKING JR. G. *History of Anthropology.* Madison: The University of Wiscosin Press, 1988. p. 3-17.
9. KUPER, A. *The invention of primitive society.* Londres: Routledge, 1988.
10. BOAS, F. Antropologia cultural. *In*: CASTRO, C. (org.). *Franz Boas.* Rio de Janeiro: Zahar, 2004.
11. CASTRO, C. (org.) *Evolucionismo cultural*: textos de Morgan, Tylor e Frazer. Rio de Janeiro: Jorge Zahar, 2005.
12. LÉVI-STRAUSS, C. *As estruturas elementares do parentesco.* 9. ed. Tradução: Mariano Ferreira. Petrópolis: Vozes, 1982.

13. POLIAKOV, L. *O mito ariano*. São Paulo: Perspectiva, 1974.
14. ASQUITH, P. J. Natural homes: primate fieldwork and the anthropological method. *In*: FUENTES, A.; MacCLANCY, J. (ed.). *Centralizing fieldwork*: critical perspectives from primatology, biological and social anthropology. New York: Berghahn Books, 2011. p. 242-255.
15. BEVILAQUA, C. B.; VELDEN, F. V. (org.) *Parentes, vítimas, sujeitos*: perspectivas antropológicas sobre relações entre humanos e animais. Curitiba: Editora da UFPR; São Carlos: EdUFSCar, 2016.
16. CANDEA, M. "I Fell in Love with Carlos the Meerkat": Engagement and Detachment in Human-Animal Relations. *American Ethnologist*, v. 37, n. 2, p. 241-258, 2010. Disponível em: https://tinyurl.com/5427xwyh. Acesso em: 21 mar. 2025.
17. DESCOLA, P. Estrutura ou sentimento: a relação com o animal na Amazônia. *Mana*, v. 4, n. 1, p. 23-45, 1998. Disponível em: https://tinyurl.com/36hcv99x. Acesso em: 21 mar. 2025.
18. DESCOLA, P. Biolatry: A Surrender of Understanding (Response to Ingold's "A Naturalist Abroad in the Museum of Ontology"). *Anthropological Forum*, v. 26, n. 3, 2016. Disponível em: https://doi.org/10.1080/00664677.2016.1212523. Acesso em: 21 mar. 2025.
19. INGOLD, T. Humanidade e animalidade. Tradução: Vera Pereira. *Revista Brasileira de Ciências Sociais*, São Paulo, v. 10, n. 28, p. 39-54, 1995. Disponível em: https://anpocs.org.br/1995/06/12/vol-10-no-28-sao-paulo-1995/. Acesso em: 10 abr. 2025.
20. INGOLD, T. A Naturalist Abroad in the Museum of Ontology: Philippe Descola's *Beyond Nature and Culture*. *Anthropological Forum*, v. 26, n. 3, p. 301-320, 2016a. Disponível em: https://www.tandfonline.com/doi/abs/10.1080/00664677.2015.1136591. Acesso em: 21 mar. 2025.
21. LATOUR, B. A well-articulated primatology. Reflexions of a fellow-traveller. *In*: STRUM, S.; FEDIGAN, L. (ed.). *Primate Encounters*. Chicago: University of Chicago Press, 2000. p. 358-381.
22. LIEN, M. E.; PÁLSSON, G. Ethnography Beyond the Human: The "Other-than-Human" in Ethnographic Work. *Ethnos*, v. 86, n. 3, p. 1-20, 2019. Disponível em: https://tinyurl.com/4dr8pber. Acesso em: 21 mar. 2025.
23. MARRAS, S. Virada animal, virada humana: outro pacto. *Scientiae Studia*, v. 12, n. 2, p. 215-260, 2014. Disponível em: https://tinyurl.com/5n8u5a24. Acesso em: 21 mar. 2025.
24. OSÓRIO, A. Mãe de gato? Reflexões sobre o parentesco entre humanos e animais de estimação. *In*: BEVILAQUA, C. B.; VELDEN, F. V. (org.). *Parentes, vítimas, sujeitos*: perspectivas antropológicas sobre relações entre humanos e animais. Curitiba: Editora da UFPR; São Carlos: EdUFSCar, 2016. p. 53-75.
25. RAPCHAN, E. S. Sobre o comportamento de chimpanzés: o que antropólogos e primatólogos podem ensinar sobre o assunto? *Horizontes Antropológicos*, Porto Alegre, v. 16, n. 33, p. 227-266, 2010. Disponível em: https://tinyurl.com/2anampfh. Acesso em: 21 mar. 2025.

26. RAPCHAN, E. S. Culture and intelligence: anthropological reflections on non--physical aspects of evolution in chimpanzees and humans. *História, Ciências, Saúde-Manguinhos*, Rio de Janeiro, v. 19, n. 3, p. 793-814, 2012a. Disponível em: https://tinyurl.com/28zcrpz4. Acesso em: 21 mar. 2025.

27. RAPCHAN, E. S. *Somos todos primatas*. Curitiba: Appris, 2019a.

28. RAPCHAN, E. S. Primatologia e Ciências Sociais. *Ciência e Cultura*, São Paulo, v. 71, n. 2, p. 40-45, 2019b. Disponível em: https://tinyurl.com/yuhjvr9w. Acesso em: 21 mar. 2025.

29. RAPCHAN, E. S.; NEVES, W. A. "Culturas de chimpanzés": uma revisão contemporânea das definições em uso. *Boletim do Museu Paraense Emílio Goeldi: Ciências Humanas*, Belém, v. 11, n. 3, p. 745-768, 2016a. Disponível em: https://tinyurl.com/5n73223h. Acesso em: 21 mar. 2025.

30. RAPCHAN, E. S.; NEVES, W. A. Famílias híbridas: camponeses, primatólogos e macacos-prego no cerrado piauiense. *Teoria e Cultura (UFJF)*, v. 11, p. 107-116, 2016b. Disponível em: https://periodicos.ufjf.br/index.php/TeoriaeCultura/article/view/12280. Acesso em: 21 mar. 2025.

31. RAPCHAN, E. S.; NEVES, W. A. An anthropological analysis about primatology – Reports of a particular human-animal relationship with Capuchin monkeys. *Annals of the Brazilian Academy of Sciences*, v. 91, n. 4, 2019. Disponível em: https://tinyurl.com/c2dnwdbr. Acesso em: 21 mar. 2025.

32. RAPCHAN, E. S.; NEVES, W. A. Ser ou não ser: poderia um chimpanzé fazer a pergunta de Hamlet? *Horizontes Antropológicos*, Porto Alegre, v. 23, p. 303-333, 2017. Disponível em: https://tinyurl.com/zubamvuu. Acesso em: 21 mar. 2025.

33. SÁ, G. Outra espécie de companhia: intersubjetividade entre primatólogos e primatas. *Anuário Antropológico*, Brasília, v. 37, n. 2, p. 77-110, 2012. Disponível em: https://periodicos.unb.br/index.php/anuarioantropologico/article/view/7231/6960. Acesso em: 21 mar. 2025.

34. SEGATA, J. Os cães com depressão e os seus humanos de estimação. *Anuário Antropológico*, v. 37, n. 2, p. 177-204, 2012. Disponível em: https://periodicos.unb.br/index.php/anuarioantropologico/article/view/6895/6956. Acesso em: 21 mar. 2025.

35. SÜSSEKIND, F. Onças e humanos em regimes de ecologia compartilhada. *Horizontes Antropológicos*, Porto Alegre, v. 23, n. 48, p. 49-73, 2017. Disponível em: https://tinyurl.com/ybbf5s7b. Acesso em: 21 mar. 2025.

36. TSING, A. Margens indomáveis: cogumelos como espécies companheiras. *Ilha*, v. 17, n. 1, p. 77-201, 2015. Disponível em: https://tinyurl.com/mw5bczrb. Acesso em: 21 mar. 2025.

37. HARAWAY, D. J. A partilha do sofrimento: relações instrumentais entre animais de laboratório e sua gente. *Horizontes Antropológicos*, Porto Alegre, ano 17, n. 35, p. 27-64, 2011. Disponível em: https://tinyurl.com/5n9byar8. Acesso em: 21 mar. 2025.

38. LESTEL, D. A animalidade, o humano e as "comunidades híbridas". *In*: MACIEL, M. E. (org.). *Pensar/escrever o animal*: ensaios de Zoopoética e Biopolítica. Florianópolis: Ed. UFSC, 2011. p. 24-47.

39. FEDIGAN, L. M. The Paradox of Feminist Primatology: The Goddess's Discipline? *In*: CREAGER, A. H.; LUNBECK, E.; SCHIEBINGER, L. (ed.). *Feminism in Twentieth Century*: Science, Technology Medicine. Chicago: University of Chicago Press, 2001.
40. HAMMOND, M. The Shadow Man Paradigm in Paleoanthropology, 1911-1945. *In*: STOCKING JR., G. W. (ed.). *Bones, bodies, behavior*, v. 5. Madison: The University of Wisconsin Press, 1988. p. 117-137. (History of Anthropology).
41. HARAWAY, D. J. Remodelling the Human Way of Life: Sherwood Washburn and the New Physical Anthropology, 1950-1980. *In*: STOCKING JR., G. W. (ed.). *Bones, bodies, behavior*, v. 5. Madison: The University of Wisconsin Press, 1988. p. 206-254. (History of Anthropology).
42. GOODALL, J. *In the shadow of man*. New York: Mariner Books, 2000.
43. GOODALL, J. *Through a window*. Boston: Houghton Mifflin, 1990.
44. JAHME, C. *Beauty and the Beasts*: woman, ape and evolution. New York: Soho Press, 2002.
45. WRANGHAM, R. W.; McGREW, W. C.; WAAL, F. B. M. de; HELTNE, P. G. (ed.). *Chimpanzee Cultures*. Cambridge: Harvard University Press, 1994.
46. DUGATKIN, L. A. *Principles of animal behavior*. 4. ed. Chicago: University of Chicago Press, 2019.
47. RAPCHAN, E. S.; NEVES, W. A. Primatologia, culturas não humanas e novas alteridades. *Scientiae Studia*, v. 12, n. 2, p. 309-329, 2014a. Disponível em: https://www.revistas.usp.br/ss/article/view/98118/96954. Acesso em: 25 mar. 2025.
48. RAPCHAN, E. S.; NEVES, W. A. Chimpanzés não amam! Em defesa do significado. *Revista de Antropologia*, São Paulo, v. 48, n. 2, p. 649-698, 2005. Disponível em: https://www.revistas.usp.br/ra/article/view/27221/28993. Acesso em: 25 mar. 2025.
49. FOLEY, R.; GAMBLE, C. The ecology of social transitions in human evolution. *Philosophical Transactions of the Royal Society B: Biological Sciences*, v. 364, p. 3267-3279, 2009. Disponível em: https://pmc.ncbi.nlm.nih.gov/articles/PMC2781881/. Acesso em: 25 mar. 2025.
50. HAUSFATER, G.; HRDY, S. B (ed.). *Infanticide*: Comparative and Evolutionary Perspectives. New York: Routledge, 2018.
51. INGOLD, T. Rejoinder to Descola's "Biolatry: a surrender of understanding". *Anthropological Forum*, v. 23, n. 3, 2016b. Disponível em: http://www.iea.usp.br/eventos/cursos/ingold-rejoinder. Acesso em: 24 mar. 2025.
52. RAPCHAN, E. S. On the state of nature and social life: thinking about humans and chimpanzees. *Revue de Primatologie*, v. 4, p. 1-17, 2012b. Disponível em: https://journals.openedition.org/primatologie/1040. Acesso em: 24 mar. 2025.
53. HRDY, S. B. *Mother Nature*. New York: Ballantine Books, 1999.
54. HRDY, S. B. *Mothers and Others*. New York: Belknap Press, 2011.
55. FUENTES, A.; MacCLANCY, J. (ed.). *Centralizing fieldwork*: critical perspectives from primatology, biology and social anthropology. New York: Berghahn Books, 2011.

56. ZIHLMAN, A. Reconstructions reconsidered: chimpanzee models and human evolution. *In*: McGREW, W. C.; MARCHANT, L. F.; NISHIDA, T. (ed.). *Great Ape Societies*. Cambridge: Cambridge University Press, 1996. p. 293-303.

57. ZIHLMAN, A. L.; BOLTER, D. R. Body composition in *Pan paniscus* compared with *Homo sapiens* has implications for changes during human evolution. *Proceedings of the National Academy of Sciences*, v. 112, n. 24, p. 7 466-7 471, 2015.

58. POLLICK, A. S.; WAAL, F. B. M de. Ape gestures and language evolution. *Proceedings of the National Academy of Sciences of the United States of America*, v. 104, n. 19, p. 8 184-8 189, 2007. Disponível em: https://www.pnas.org/doi/full/10.1073/pnas.0702624104. Acesso em: 25 mar. 2025.

59. WHITEN, A. Culture extends the scope of evolutionary biology in the great apes. *Proceedings of the National Academy of Sciences of the United States of America*, v. 114, n. 30, p. 7 790-7 797, 2017. Disponível em: https://www.pnas.org/doi/full/10.1073/pnas.1620733114. Acesso em: 25 mar. 2025.

60. MATSUZAWA, T. (ed.). *Primate Origins Of Human Cognition and Behavio*r. New York: Springer, 2009.

61. TOMASELLO, M. Primate Cognition: Introduction to the Issue. *Cognitive Science*, v. 24, n. 3, p. 351-361, 2000. Disponível em: https://onlinelibrary.wiley.com/doi/10.1207/s15516709cog2403_1. Acesso em: 25 mar. 2025.

62. TOMASELLO, M. The ultra-social animal. *European Journal of Social Psychology*, v. 44, n. 3, p. 187-194, 2014. Disponível em: https://onlinelibrary.wiley.com/doi/10.1002/ejsp.2015. Acesso em: 25 mar. 2025.

63. MOORE, J. Savanna chimpanzees, referential models and the last common ancestor. *In*: McGREW, W. C.; MARCHANT, L. F.; NISHIDA, T. (ed.). *Great Ape Societies*. Cambridge: Cambridge University Press, 1996. p. 275-292.

64. SUSSMAN, R. W. Species-Specific Dietary Patterns in Primates and Human Dietary Adaptation. *In*: KINZEY, W. G. (ed.). *The Evolution of Human Behavior*: Primate Models. New York: State University of New York Press, 1987. p. 151-182.

65. SAYERS, K.; LOVEJOY, C. The Chimpanzee Has No Clothes: A Critical Examination of *Pan troglodytes* in Models of Human Evolution. *Current Anthropology*, v. 49, n. 1, p. 87-114, 2008. Disponível em: https://www.journals.uchicago.edu/doi/10.1086/523675. Acesso em: 25 mar. 2025.

66. TENNIE, C.; JENSEN, K.; CALL, J. The nature of prosociality in chimpanzees. *Nature Communications*, v. 7, n. 13 915, 2016. Disponível em: https://www.nature.com/articles/ncomms1391. Acesso em: 25 mar. 2025.

67. FUSS, J.; SPASSOV, N.; BEGUN, D. R.; BÖHME, M. Potential hominin affinities of *Graecopithecus* from the Late Miocene of Europe. *PLOS ONE*, v. 12, n. 5, p. e0177127, 2017.

68. WAGNER, R. *The invention of culture*. Chicago: The University of Chicago Press, 2016.

69. INGOLD, T. Beyond biology and culture. The meaning of evolution in a relational world. *Social Anthropology*, New York, v. 12, n. 2, p. 209-221, 2004.

70. PICKFORD, M.; SENUT, B.; GOMMERY, D.; TREIL, J. Bipedalism in *Orrorin tugenensis* revealed by its femora. *Comptes Rendus: Palevol*, v. 1, n. 4, p. 191-203, 2002. Disponível em: https://tinyurl.com/zzza488v.

71. WHITE, T. D.; LOVEJOY, C. O.; ASFAW, B.; CARLSON, J. P.; SUWA, G. Neither chimpanzee nor human, *Ardipithecus* reveals the surprising ancestry of both. *Proceedings of the National Academy of Sciences of the United States of America*, v. 112, n. 16, p. 4 877-4 884, 2015. Disponível em: https://www.pnas.org/doi/full/10.1073/pnas.1403659111. Acesso em: 25 mar. 2025.

72. BÖHME, M. *et al.* A new Miocene ape and locomotion in the ancestor of great apes and humans. *Nature*, v. 575, p. 489-493, 2019. Disponível em: https://www.nature.com/articles/s41586-019-1731-0. Acesso em: 25 mar. 2025.

73. POTTS, R. Big brains explained. *Nature*, v. 480, p. 43-44, 2011. Disponível em: https://www.nature.com/articles/480043a. Acesso em: 25 mar. 2025.

74. BOYD, R.; SILK, J. B. *How human evolved*. 17. ed. New York: W.W. Norton & Company, 2014.

75. SENUT, B.; PICKFORD, M.; GOMMERY, D.; SÉGALEN, L. Palaeoenvironments and the origin of hominid bipedalism. *Historical Biology*, v. 30, n. 1-2, p. 284-296, 2018. Disponível em: https://tinyurl.com/bdhjtv26. Acesso em: 15 abr. 2025.

76. STANFORD, C. B.; BUNN, H. T. (ed.). *Meat-eating and human evolution*. Oxford: Oxford University Press, 2001.

77. WRANGHAM, R. *Pegando fogo*: por que cozinhar nos tornou humanos. Rio de Janeiro: Zahar, 2010.

78. MITHEN, S. *A pré-história da mente*. São Paulo: Ed. Unesp, 2002.

79. VIDEAN, E. N.; McGREW, W. C. Are bonobos (*Pan paniscus*) really more bipedal than chimpanzees (*Pan troglodytes*)? *American Journal of Primatology*, v. 54, n. 4, p. 233-239, 2001. Disponível em: https://tinyurl.com/347m5wud. Acesso em: 21 abr. 2025.

80. OSVATH, M.; KARVONEN, E. Spontaneous Innovation for Future Deception in a Male Chimpanzee. *PLOS ONE*, v. 7, n. 5, p. e36782, 2012. Disponível em: https://tinyurl.com/ae5wj6te. Acesso em: 15 abr. 2025.

81. KANO, T. An ecological study of the pygmy chimpanzees (*Pan paniscus*) of Yalosidi, Republic of Zaire. *International Journal of Primatology*, v. 4, p. 1-31, 1983. Disponível em: https://link.springer.com/content/pdf/10.1007/BF02739358.pdf. Acesso em: 21 abril 2025.

82. BARGALLÓ, A.; MOSQUERA, M.; LOZANO, S. In pursuit of our ancestors' hand laterality. *Journal of Human Evolution*, v. 111, p. 18-32, 2017. Disponível em: https://tinyurl.com/3zyc5rjm. Acesso em: 21 abril 2025.

83. VISALBERGHI, E.; FRAGASZY, D. M.; SAVAGE-RUMBAUGH, S. Performance in a tool-using task by common chimpanzees (*Pan troglodytes*), bonobos (*Pan paniscus*), an orangutan (*Pongo pygmaeus*), and capuchin monkeys (*Cebus apella*). *Journal of Comparative Psychology*, v. 109, n. 1, p. 52-60, 1995. Disponível em: https://psycnet.apa.org/fulltext/1995-20337-001.html. Acesso em: 21 abril 2025.

84. HOPKINS, W. D.; STOINSKI, T. S.; LUKAS, K. E.; ROSS, S. R.; WESLEY, M. J. Comparative Assessment of Handedness for a Coordinated Bimanual Task in Chimpanzees (*Pan troglodytes*), Gorillas (*Gorilla gorilla*), and Orangutans (*Pongo pygmaeus*). *Journal of Comparative Psychology*, v. 117, n. 3, p. 302-308, 2003. Disponível em: https://psycnet.apa.org/buy/2003-07738-010. Acesso em: 21 abril 2025.

85. HERRMANN, E.; WOBBER, V.; CALL, J. "Great apes" (*Pan troglodytes, Pan paniscus, Gorilla gorilla, Pongo pygmaeus*) understanding of tool functional properties after limited experience. *Journal of Comparative Psychology*, v. 122, n. 2, p. 220-230, 2008. Disponível em: https://psycnet.apa.org/buy/2008-05696-012. Acesso em: 21 abr. 2025.

86. BERGER, L. R. *et al. Australopithecus sediba*: A New Species of *Homo*-Like Australopith from South Africa. *Science*, v. 328, n. 5975, p. 195-204, 2010. Disponível em: https://www.science.org/doi/10.1126/science.1184944. Acesso em: 27 jun. 2025.

87. NEVES, W.; SCARDIA, G.; PARENTI, G.; ARAUJO, A. Uma nova jornada para o gênero Homo. *Scientific American Brasil*, v. 200, p. 24, 2019. Disponível em: https://tinyurl.com/4mycy36v. Acesso em: 21 abril 2025.

88. NOWAK, R. M. *Walker's Mammals of the World*. Maryland: The Johns Hopkins University Press, 1999.

89. BRACCINI, S.; LAMBETH, S.; SCHAPIRO, S.; FITCH, W. T. Bipedal tool use strengthens chimpanzee hand preferences. *Journal of Human Evolution*, v. 58, n. 3, p. 234-241, 2010. Disponível em: https://tinyurl.com/4wbjs8dp. Acesso em: 21 abril 2025.

90. BARDO, A.; POUYDEBAT, E.; MEUNIER, H. Do bimanual coordination, tool use, and body posture contribute equally to hand preferences in bonobos? *Journal of Human Evolution*, v. 82, p. 159-169, 2015. Disponível em: https://tinyurl.com/44zb4xzr. Acesso em: 21 abril 2025.

91. THOMPSON, N. E.; O'NEILL, M. C. O.; HOLOWKA, N. B.; DEMES, B. Step width and frontal plane trunk motion in bipedal chimpanzee and human walking. *Journal of Human Evolution*, v. 125, p. 27-37, 2018. Disponível em: https://tinyurl.com/6b29acmh. Acesso em: 21 abril 2025.

92. KIVELL, T. L. Fossil ape hints at how walking on two feet evolved. *Nature*, 2019. Disponível em: https://www.nature.com/articles/d41586-019-03347-0. Acesso em: 21 abril 2025.

93. READER, S. M.; LALAND, K. N. Social intelligence, innovation, and enhanced brain size in primates. *Proceedings of the National Academy of Sciences*, v. 99, n. 7, p. 4436-4441, 2002. Disponível em: https://www.pnas.org/doi/pdf/10.1073/pnas.062041299. Acesso em: 21 abril 2025.

94. BARRAS, C. Tools from China are oldest hint of human lineage outside Africa. *Nature*, 2018. Disponível em: https://www.nature.com/articles/d41586-018-05696-8 Acesso em: 21 abril 2025.

95. HERCULANO-HOUZEL, S. The remarkable, yet not extraordinary, human brain as a scaled-up primate brain and its associated cost. *Proceedings of the*

National Academy of Sciences of the United States of America, v. 109, Suplemento 1, p. 10 661-10 668, 2012. Disponível em: https://www.pnas.org/doi/pdf/10.1073/pnas.1201895109. Acesso em: 21 abril 2025.

96. ZHU, Z. *et al.* Hominin occupation of the Chinese Loess Plateau since about 2.1 million years ago. *Nature*, v. 559, p. 608-612, 2018. Disponível em: https://www.nature.com/articles/s41586-018-0299-4. Acesso em: 1º abr. 2025.

97. RUTHERFORD, A. *Humanimal*: how *Homo sapiens* became nature's most paradoxical creature: a new evolutionary history. New York: The Experiment, 2019. 256 p.

98. MACLEAN, E. L. Unraveling the evolution of uniquely human cognition. *Proceedings of the National Academy of Sciences of the United States of America*, v. 113, n. 23, p. 6 348-6 354, 2016. Disponível em: https://www.pnas.org/doi/pdf/10.1073/pnas.1521270113. Acesso em: 21 abril 2025.

99. MACLEAN, E. L.; HARE, B. Bonobos and chimpanzees infer the target of another's attention. *Animal Behaviour*, v. 83, n. 2, p. 345-353, 2012. Disponível em: https://tinyurl.com/4bd3kj9r. Acesso em: 21 abril 2025.

100. JOU, G. I.; SPERB, T. M. Teoria da Mente: diferentes abordagens. *Psicologia Reflexiva Crítica*, v. 12, n. 2, p. 287-306, 1999. Disponível em: https://www.scielo.br/j/prc/a/H7Bb5zCwRFqfLK8BNrf7ZGS/. Acesso em: 21 abril 2025.

101. CAIXETA, L.; NITRINI, R. Teoria da mente: uma revisão com enfoque na sua incorporação pela psicologia médica. *Psicologia: Reflexão e Crítica*, v. 15, n. 1, p. 105-112, 2002. Disponível em: https://tinyurl.com/5n6rhtv3. Acesso em: 21 abril 2025.

102. MARTINS, C.; BARRETO, A. L.; CASTIAJO, P. Teoria da mente ao longo do desenvolvimento normativo: da idade escolar até à idade adulta. *Análise Psicológica*, v. 31, n. 4, p. 377-392, 2013. Disponível em: https://tinyurl.com/thba39b2. Acesso em: 21 abril 2025.

103. TOMASELLO, M.; CALL, J. Does the chimpanzee have a theory of mind? 30 years later. *Trends of Cognitive Sciences*, v. 12, n. 5, p. 187-192, 2008. Disponível em: https://tinyurl.com/5bnd6k2y. Acesso em: 21 abril 2025.

104. BYRNE, R. W.; WHITEN, A. (ed.). *Machiavellian intelligence*: social expertise and the evolution of intellect in monkeys, apes, and humans. Oxford: Clarendon Press, 1988.

105. WHITEN, A.; BYRNE, R. W. (ed.). *Machiavellian intelligence II*: extensions and evaluations. Cambridge: Cambridge University Press, 1997.

106. FURUICHI, T. Female contributions to the peaceful nature of bonobo society. *Evolutionary Anthropology*, v. 20, n. 4, p. 131-142, 2011. Disponível em: https://tinyurl.com/4tb8dkev. Acesso em: 21 abril 2025.

107. HARE, B.; KWETUENDA, S. Bonobos voluntarily share their own food with others. *Current Biology*, v. 20, n. 5, R230-R231, 2010. Disponível em: https://tinyurl.com/59h8jpyy. Acesso em: 21 abr. 2025.

108. JAEGGI, A. V.; STEVENS, J. M. G.; SCHAIK, C. P. van. Tolerant food sharing and reciprocity is precluded by despotism among bonobos but not chimpanzees. *American Journal of Physical Anthropology*, v. 143, n. 1, p. 41-51, 2010.

Disponível em: https://onlinelibrary.wiley.com/doi/10.1002/ajpa.21288. Acesso em: 21 abr. 2025.

109. STREET, S. E. *et al.* Coevolution of cultural intelligence, extended life history, sociality, and brain size in primates. *Proceedings of the National Academy of Sciences of the United States of America*, v. 114, n. 30, p. 7 908-7 914, 2017. Disponível em: https://www.pnas.org/doi/pdf/10.1073/pnas.1620734114. Acesso em: 21 abr. 2025.

110. FALÓTICO, T.; OTTONI, E. B. The manifold use of pounding stone tools by wild capuchin monkeys of Serra da Capivara National Park, Brazil. *Behaviour*, v. 153, n. 4, p. 421-442, 2016. Disponível em: https://tinyurl.com/3nu7cc6v. Acesso em: 21 maio 2025.

111. VISALBERGHI, E. *et al.* Factors affecting cashew processing by wild bearded capuchin monkeys (*Sapajus libidinosus*, Kerr 1792). *American Journal of Primatology*, v. 78, n. 8, p. 799-815, 2016. Disponível em: https://onlinelibrary.wiley.com/doi/full/10.1002/ajp.22545. Acesso em: 21 abr. 2025.

112. GABRIELI, J. D. E.; POLDRACK, R. A.; DESMOND, J. E. The role of left prefrontal cortex in language and memory. *Proceedings of the National Academy of Sciences of the United States of America*, v. 95, n. 3, p. 906-913, 1998. Disponível em: https://www.pnas.org/doi/abs/10.1073/pnas.95.3.906. Acesso em: 21 abr. 2025.

113. SMAERS, J. B. *et al.* Exceptional Evolutionary Expansion of Prefrontal Cortex in Great Apes and Humans. *Current Biology*, v. 27, n. 5, p. 714-720, 2017. Disponível em: https://www.cell.com/current-biology/fulltext/S0960-9822(17)30020-9. Acesso em: 21 abr. 2025.

114. VAESEN, K.; SCHERJON, F.; HEMERIK, L.; VERPOORTE, A. Inbreeding, Allee effects and stochasticity might be sufficient to account for Neanderthal extinction. *PLOS ONE*, v. 14, n. 11, e0225117, 2019. Disponível em: https://tinyurl.com/395nrh5p. Acesso em: 21 abr. 2025.

115. TAYLOR, A. H. *et al.* Spontaneous Metatool Use by New Caledonian Crows. *Current Biology*, v. 17, n. 17, p. 1 504-1 507, 2007. Disponível em: https://tinyurl.com/4zspvebp. Acesso em: 21 abr. 2025.

116. KRÜTZEN, M. *et al.* Cultural transmission of tool use by Indo-Pacific bottlenose dolphins (*Tursiops* sp.) provides access to a novel foraging niche. *Proceedings of the Royal Society Series B: Biological Sciences*, v. 281, n. 1 784, 2014. Disponível em: https://tinyurl.com/3d8kss4d. Acesso em: 21 abr. 2025.

117. CHEVALIER-SKOLNIKOFF, S.; LISKA, J. O. Tool use by wild and captive elephants. *Animal Behaviour*, v. 46, n. 2, p. 209-219, 1993. Disponível em: https://tinyurl.com/3ssz2zfz. Acesso em: 21 abr. 2025.

118. MEULMAN, E. J. M.; SCHAIK, C. van. Orangutan tool use and the evolution of technology. *In*: SANZ, C. M.; CALL, J.; BOESH, C. (ed.). *Tool use in animals*: Cognition and Ecology. Cambridge: Cambridge University Press, 2013. p. 176-201.

119. BREUER, T.; NDOUNDOU-HOCKEMBA, M.; FISHLOCK, V. First Observation of Tool Use in Wild Gorilas. *PLOS Biology*, v. 3, n. 11: e380, 2005. Disponível em: https://tinyurl.com/mrxtcjxd. Acesso em: 21 abr. 2025.

120. MANN, J.; PATTERSON, E. M. Tool use by aquatic animals. *Philosophical Transactions of the Royal Society Series B: Biological Sciences*, v. 368, n. 1 630, 2013. Disponível em: https://tinyurl.com/yt923dvh. Acesso em: 21 abr. 2025.

121. FINN, J. K.; TREGENZA, T.; NORMAN, M. D. Defensive tool use in a coconut-carrying octopus. *Current Biology*, v. 19, n. 23, R1069-R1070, 2009. Disponível em: https://tinyurl.com/5n8bw9ph. Acesso em: 21 abr. 2025.

122. OTTONI, E. B.; IZAR, P. Capuchin monkey tool use: Overview and implications. *Evolutionary Anthropology*, v. 17, n. 4, p. 171-178, 2008. Disponível em: https://onlinelibrary.wiley.com/doi/abs/10.1002/evan.20185. Acesso em: 21 abr. 2025.

123. OKANOYA, K. *et al.* Tool-Use Training in a Species of Rodent: The Emergence of an Optimal Motor Strategy and Functional Understanding. *PLOS ONE*, v. 3, n. 3, e1860, 2008. Disponível em: https://tinyurl.com/3ny9pvk5. Acesso em: 21 abr. 2025.

124. NOWELL, A.; DAVIDSON, I. (ed.). *Stone tools and the evolution of human cognition*. Boulder: University Press of Colorado, 2010.

125. MATSUZAWA, T. Primate foundations of human intelligence: a view of tool use in nonhuman primates and fossil hominids. *In*: MATSUZAWA, T. (ed.). *Primate origins of human cognition and behavior*, Tokyo, p. 3-28, 2008. Disponível em: https://link.springer.com/chapter/10.1007/978-4-431-09423-4_1. Acesso em: 20 maio 2025.

126. FOLEY, R.; LAHR, M. M. On stony ground: Lithic technology, human evolution, and the emergence of culture. *Evolutionary Anthropology*, v. 12, n. 3, p. 109-122, 2003. Disponível em: https://tinyurl.com/3mwdrmcu. Acesso em: 21 abr. 2025.

127. TOMASELLO, M.; CALL, J. *Primate Cognition*. New York: Oxford University Press, 1997.

128. GIBSON, K. R.; INGOLD, T. (ed.). *Tools, Language, and Cognition in Human Evolution*. Cambridge: Cambridge University Press, 1993.

129. TOTH, N.; SCHICK, K. Early stone industries and inferences regarding language and cognition. *In*: GIBSON, K. R.; INGOLD, T. (ed.). *Tools, Language, and Cognition in Human Evolution*. Cambridge: Cambridge University Press, 1993. p. 346-362.

130. McGREW, W. C. *Chimpanzee Material Culture*. Cambridge: University of Cambridge Press, 1992.

131. HASLAM, M. The other tool users. *Scientific American*, v. 320, n. 3, p. 58-63, 2019. Disponível em: https://www.scientificamerican.com/article/the-other-tool-users/. Acesso em: 21 abr. 2025.

132. HARAWAY, D. J. *Simians, Cyborgs, and Women*. New York: Routledge, 1991.

133. LAWSON, C. Technology and the Extension of Human Capabilities. *Social Ontology and Modern Economics*. New York: Routledge, 2014.

134. GRUBER, T.; CLAY, Z.; ZUBERBÜHLER, K. A comparison of bonobo and chimpanzee tool use: evidence for a female bias in the *Pan* lineage. *Animal Behaviour*, v. 80, n. 6, p. 1 023-1 033, 2010. Disponível em: https://tinyurl.com/44yvta29. Acesso em: 21 abr. 2025.

135. LANCASTER, J. B. On the evolution of tool-using behavior. *American Anthropologist*, v. 70, n. 1, p. 56-66, 1968. Disponível em: https://www.jstor.org/stable/670157. Acesso em: 21 abr. 2025.

136. CARVALHO, S.; McGREW, W. C. The origins of the Oldowan: Why chimpanzees (*Pan troglodytes*) still are good models for technical evolution in Africa. *In*: DOMÍNGUEZ-RODRIGO, M. (ed.). *Stone Tools and Fossil Bones*. Cambridge: Cambridge University Press, 2012. p. 201-221.

137. McGREW, W. C.; FOLEY, R. A. Paleoanthropology meets Primatology. *Journal of Human Evolution*, v. 57, n. 4, p. 335-336, 2009. Disponível em: https://tinyurl.com/mswraf3. Acesso em: 21 abr. 2025.

138. IZAR, P. *et al.* Flexible and conservative features of social systems in tufted capuchin monkeys: comparing the socioecology of *Sapajus libidinosus* and *Sapajus nigritus*. *American Journal of Primatology*, v. 74, n. 4, p. 315-331, 2012. Disponível em: https://tinyurl.com/9c79u2h9. Acesso em: 22 abr. 2025.

139. SANTOS, Lucas Peternelli Corrêa dos. *Parâmetros nutricionais da dieta de duas populações de macacos-prego*: *Sapajus libidinosus* no ecótono Cerrado/Caatinga e *Sapajus nigritus* na Mata Atlântica. 2015. Tese (Doutorado em Psicologia Experimental) – Instituto de Psicologia, Universidade de São Paulo, São Paulo, 2015. Disponível em: https://tinyurl.com/me6zrft. Acesso em: 22 abr. 2025.

140. FALÓTICO, T. *et al.* Three thousand years of wild capuchin stone tool use. *Nature Ecology & Evolution*, v. 3, p. 1 034-1 038, 2019. Disponível em: https://doi.org/10.1038/s41559-019-0904-4. Acesso em: 24 jun. 2025.

141. MERCADER, J. *et al.* 4,300-year-old chimpanzee sites and the origins of percussive stone technology. *Proceedings of the National Academy of Sciences of the United States of America*, v. 104, n. 9, p. 3 043-3 048, 2007. Disponível em: https://www.pnas.org/doi/full/10.1073/pnas.0607909104. Acesso em: 22 abr. 2025.

142. HASLAM, M. On the tool use behavior of the bonobo-chimpanzee last common ancestor, and the origins of hominine stone tool use. *American Journal of Primatology*, v. 76, n. 10, p. 910-918, 2014. Disponível em: https://tinyurl.com/4ttnv5ew. Acesso em: 22 abr. 2025.

143. CATALDO, D. M.; MIGLIANO, A. B.; VINICIUS L. Speech, stone tool-making and the evolution of language. *PLOS ONE*, v. 13, n. 1, e0191071, 2018. Disponível em: https://tinyurl.com/33cmt3sm. Acesso em: 22 abr. 2025.

144. HARMAND, S. *et al.* 3.3-million-year-old stone tools from Lomekwi 3, West Turkana, Kenya. *Nature*, v. 521, p. 310-315, 2015. Disponível em: https://www.nature.com/articles/nature14464. Acesso em: 31 mar. 2025. Disponível em: https://www.nature.com/articles/nature14464. Acesso em: 22 abr. 2025.

145. KOOPS, K.; FURUICHI, T.; HASHIMOTO, C. Chimpanzees and bonobos differ in intrinsic motivation for tool use. *Scientific Reports*, v. 5, n. 11 356,

2015. Disponível em: https://www.nature.com/articles/srep11356.pdf. Acesso em: 22 abr. 2025.

146. SMUTS, B. B. *et al.* (ed.). *Primate societies*. Chicago: University of Chicago Press, 1987.

147. STOKES, E.; PARNELL, R.; OLEJNICZAK, C. Female dispersal and reproducive success in wild western lowland gorillas (*Gorilla gorilla gorilla*). *Behavioral Ecology and Sociobiology*, v. 54, p. 329-339, 2003. Disponível em: https://tinyurl.com/kt9xawax. Acesso em: 22 abr. 2025.

148. LEEUWEN, E. J. C. van; CRONIN, K. A.; HAUN, D. B. M. Population-specific social dynamics in chimpanzees. *Proceedings of the National Academy of Sciences of the United States of America*, v. 115, n. 45, p. 11 393-11 400, 2018. Disponível em: https://www.pnas.org/doi/full/10.1073/pnas.1722614115. Acesso em: 22 abr. 2025.

149. KANO, F.; HIRATA, S.; CALL, J. Social Attention in the Two Species of Pan: Bonobos Make More Eye Contact than Chimpanzees. *PLOS ONE*, v. 10, n. 6, e0129684, 2015. Disponível em: https://tinyurl.com/ec4bac36. Acesso em: 22 abr. 2025.

150. WAAL, F. de. *Chimpanzee Politics? Power and sex among apes*. Baltimore: Johns Hopkins University Press, 2007.

151. TOMASELLO, M. *The cultural origin of Human Cognition*. Cambridge: Harvard University Press, 1999.

152. STANFORD, C. B. The Social Behavior of Chimpanzees and Bonobos: Empirical Evidence and Shifting Assumptions. *Current Anthropology*, v. 39, n. 4, p. 399-420, 1998. Disponível em: https://www.journals.uchicago.edu/doi/abs/10.1086/204757. Acesso em: 22 abr. 2025.

153. RODSETH, L. *et al.* The Human Community as a Primate Society. *Current Anthropology*, v. 32, n. 3, p. 221-254, 1991. Disponível em: https://www.journals.uchicago.edu/doi/epdf/10.1086/203952. Acesso em: 22 abr. 2025.

154. NISHIDA, T. *et al.* Local Differences in plant-feeding Habits of chimpanzees between the Mahale Mountains and Gombe National Park, Tanzania. *Journal of Human Evolution*, v. 12, n. 5, p. 467-480, 1983. Disponível em: https://www.sciencedirect.com/science/article/abs/pii/S0047248483801420. Acesso em: 22 abr. 2025.

155. WHITEN, A. *et al.* Cultures in chimpanzees. *Nature*, v. 399, p. 682-685, 1999. Disponível em: https://www.nature.com/articles/21415. Acesso em: 22 abril 2025.

156. WRANGHAM, R. W.; HUFFMAN, M. Diversity of Medicinal Plant Use by Chimpanzees in the Wild. *In*: WRANGHAM, R. W.; McGREW, W. C.; WAAL, F. B. M. de.; HELTNE, P. G. (ed.). *Chimpanzee Cultures*. Cambridge: Harvard University Press, 1994.

157. HUFFMAN, M. A. Self-Medicative Behavior in the African Great Apes: An Evolutionary Perspective into the Origins of Human Traditional Medicine [...]. *BioScience*, v. 51, n. 8, p. 651-661, 2001. Disponível em: https://academic.oup.com/bioscience/article-abstract/51/8/651/220603. Acesso em: 22 abr. 2025.

158. WRANGHAM, R.; WAAL, F. de; HELTNE, P. (ed.). *Chimpanzee Cultures*. Cambridge: Harvard University Press, 1994.

159. SCHAPIRO, S. J. Membership characteristics of the American society of primatologists through 2002. *American Journal of Primatology*, v. 61, n. 2, p. 45-52, 2003. Disponível em: https://tinyurl.com/388mz4nr. Acesso em: 22 abr. 2025.

160. STRUM, S. C.; FEDIGAN, L. M. (org.). *Primate Encounters*. Models of Science, Gender, and Society. Chicago: The University of Chicago Press, 2000.

161. PARR, L. A.; WAAL, F. B. M. de. Visual kin recognition in chimpanzees. *Nature*, v. 399, p. 647-648, 1999. Disponível em: https://www.nature.com/articles/21345. Acesso em: 22 abr. 2025.

162. ARCADI, A. C.; WRANGHAM, R. W. Infanticide in chimpanzees: Review of cases and a new within-group observation from Kanyawara study group in Kibale National Park. *Primates*, v. 40, n. 2, p. 337-351, 1999. Disponível em: https://link.springer.com/article/10.1007/BF02557557. Acesso em: 22 abr. 2025.

163. GOODALL, J. *The Chimpanzees of Gombe*: Patterns of behavior. Cambridge: Harvard University Press, 1986.

164. HELTNE, P. G. Preface. *In*: WRANGHAM, R. *et al.* (ed.). *Chimpanzee Cultures*. Cambridge: Harvard University Press, 1994.

165. GOODALL, J. Foreword. *In*: WRANGHAM, R. W. *et al.* (ed.). *Chimpanzee Cultures*. Cambridge: Harvard University Press, 1994.

166. BOESCH, C.; BOESCH, H. Tool use and tool making in wild chimpanzees. *Folia Primatologica*, v. 54, n. 1-2, 1990. Disponível em: https://tinyurl.com/ycky3rub. Acesso em: 22 abr. 2025.

167. FOUTS, R.; MILLS, S. T. *Next of Kin: Conversations with Chimpanzees*. New York: William Morrow Paperbacks, 1998.

168. MASON, W. A.; MENDONZA, S. P. (ed.). *Primate social conflict*. Albany: State University of New York Press, 1993.

169. McGREW, W. C. Tools Compared: The Material of Culture. *In*: WRANGHAM, R. W. *et al.* (ed.). *Chimpanzee Cultures*. Cambridge: Harvard University Press, 1994. p. 25-39.

170. CHENEY, D. L.; SEYFARTH, R. M. *How Monkeys See the World*. Chicago: University of Chicago Press, 1990.

171. PARKER, S. T.; GIBSON, K. R. (ed.). *"Language" and intelligence in monkeys and apes*. Cambridge: Cambridge University Press, 1994.

172. McGREW, W. C.; TUTIN, C. E. G. Evidence for a Social Custom in Wild Chimpanzees? *Man*, v. 13, n. 2, p. 234-251, 1978. Disponível em: https://www.jstor.org/stable/2800247. Acesso em: 22 abr. 2025.

173. SCHULZ, S.; DUNBAR, R. The evolution of the social brain: anthropoid primates contrast with other vertebrates. *Proceedings of the Royal Society Series B: Biological Sciences*, v. 274, n. 1 624, p. 2 429-2 436, 2007. Disponível em: https://tinyurl.com/2hsbnffa. Acesso em: 22 abr. 2025.

174. BAKER, K. C.; SMUTS, B. B. Social relationships of female chimpanzees: diversity between captive social groups. *In*: WRANGHAM, R. W. *et al.* (ed.). *Chimpanzee Cultures*. Cambridge: Harvard University Press, 1994. p. 227-242.
175. BAKER, K. C. *et al.* Injury risks among chimpanzees in three housing conditions. *American Journal of Primatology*, v. 51, n. 3, p. 161-175, 2000. Disponível em: https://tinyurl.com/s2brsw9a. Acesso em: 22 abr. 2025.
176. BOEHM, C. Pacifying Interventions at Arnhem Zoo and Gombe. *In*: WRANGHAM, R. W. *et al.* (ed.). *Chimpanzee Cultures*. Cambridge: Harvard University Press, 1994. p. 211-226.
177. ARNOLD, K.; WHITEN, A. Post-conflict behaviour of wild chimpanzees (*Pan troglodytes schweinfurthii*) in the Budongo Forest, Uganda. *Behaviour*, v. 138, n. 5, p. 649-690, 2001. Disponível em: https://www.jstor.org/stable/4535845. Acesso em: 21 maio 2025.
178. BROSNAN, S. F.; WAAL, F. B. M. de. Monkeys reject unequal pay. *Nature*, v. 425, n. 6955, p. 297-299, 2003. Disponível em: https://www.nature.com/articles/nature01963. Acesso em: 22 abr. 2025.
179. WRANGHAM, R. W.; PETERSON, D. *Demonic Males*: Apes and the Origins of Human Violence. Boston: Houghton-Mifflin, 2004.
180. SILK, J. B. *et al.* Chimpanzees share food for many reasons: the role of kinship, reciprocity, social bonds and harassment on food transfers. *Animal Behaviour*, v. 85, n. 5, p. 941-947, 2013. Disponível em: https://tinyurl.com/mwa8tekd. Acesso em: 22 abr. 2025.
181. JOHN, M. *et al.* How chimpanzees (*Pan troglodytes*) share the spoils with collaborators and bystanders. *PLOS ONE*, v. 14, n. 9, e0222795, 2019. Disponível em: https://tinyurl.com/46za5du7. Acesso em: 22 abr. 2025.
182. SCOTT, J.; LOCKARD, J. S. Female Dominance Relationships among Captive Western Lowland Gorillas: Comparisons with the Wild. *Behaviour*, v. 136, n. 10/11, p. 1283-1310, 1999. Disponível em: https://www.jstor.org/stable/4535676. Acesso em: 22 abril 2025.
183. ARONSON, E. *The Social Animal*. New York: Palgrave Macmillan, 1980.
184. CHENEY, D. L.; SEYFARTH, R. M. *Baboon Metaphysics*: The Evolution of a Social Mind. Chicago: University of Chicago Press, 2008.
185. HOPPER, L. M.; BROSNAN, S. F. Primate Cognition. *Nature Education Knowledge*, v. 5, n. 8, p. 3, 2012. Disponível em: https://tinyurl.com/2f3dkyhf. Acesso em: 22 abr. 2025.
186. MULLER, M. N.; MITANI, J. C. Conflict and cooperation in wild chimpanzees. *In*: SLATER, P. J. B. *et al.* (ed.). *Advances in the study of behavior*, New York, v. 35, p. 275-331, 2005. Disponível em: https://tinyurl.com/5x9bwk9n. Acesso em: 21 maio 2025.
187. HEPACH, R.; BENZIAD, L.; TOMASELLO, M. Chimpanzees help others with what they want; children help them with what they need. *Developmental Science*, v. 23, n. 3, e12922, 2019. Disponível em: https://onlinelibrary.wiley.com/doi/full/10.1111/desc.12922. Acesso em: 22 abr. 2025.

188. McLENNAN, M. R.; SPAGNOLETTI, N.; HOCKINGS, K. J. The Implications of Primate Behavioral Flexibility for Sustainable Human-Primate Coexistence in Anthropogenic Habitats. *International Journal of Primatology*, v. 38, p. 105-121, 2017. Disponível em: https://link.springer.com/article/10.1007/s10764-017-9962-0. Acesso em: 22 abr. 2025.

189. GALEF JR., B. G. Social Transmission of Acquired Behavior: A Discussion of Tradition and Social Learning in Vertebrates. *In*: ROSENBLATT, J. S. *et al.* (ed.). *Advances in Study of Behavior*, New York, v. 6, p. 77-100, 1976. Disponível em: https://tinyurl.com/bdcrnu6e. Acesso em: 22 abr. 2025.

190. WAAL, F. B. M. de.; TYACK, P. L. (ed.). *Animal Social Complexity*: Intelligence, Culture, and Individualized Societies. Cambridge: Harvard University Press, 2003.

191. SCHAIK, C. P. van; BURKART, J. M. Social learning and evolution: the cultural intelligence hypothesis. *Philosophical Transaction of the Royal Society Series B: Biological Sciences*, v. 366, p. 1 008-1 016, 2011. Disponível em: https://tinyurl.com/59pykba7. Acesso em: 22 abr. 2025.

192. NIELSEN, M. The imitative behaviour of children and chimpanzees: A window on the transmission of cultural traditions. *Revue de primatologie*, v. 1, 2009. Disponível em: https://journals.openedition.org/primatologie/254. Acesso em: 22 abr. 2025.

193. PERSSON, T.; SAUCIUC, G.; MADSEN, E. A. Spontaneous cross-species imitation in interactions between chimpanzees and zoo visitors. *Primates*, v. 59, p. 19-29, 2018. Disponível em: https://tinyurl.com/3x7yc8zt. Acesso em: 22 abr. 2025.

194. WATSON, S. K. *et al.* Chimpanzees demonstrate individual differences in social information use. *Animal Cognition*, v. 21, n. 5, p. 639-650, 2018. Disponível em: https://tinyurl.com/3jd4weex. Acesso em: 22 abr. 2025.

195. WHITEN, A.; WAAL, E. van de. The pervasive role of social learning in primate lifetime development. *Behavioral Ecology and Sociobiology*, v. 72, n. 80, 2018. Disponível em: https://tinyurl.com/mrhb7bu5. Acesso em: 22 abr. 2025.

196. WHITEN, A. *et al.* M. Emulation, imitation, over-imitation and the scope of culture for child and chimpanzee. *Philosophical Transactions of the Royal Society of London Series B: Biological Sciences*, v. 364, n. 1 528, p. 2 417-2 428, 2009. Disponível em: https://tinyurl.com/mwxwej2h. Acesso em: 22 abr. 2025.

197. EBEL, S. J. *et al.* Innovative problem solving in great apes: the role of visual feedback in the floating peanut task. *Animal Cognition*, v. 22, p. 791-805, 2019. Disponível em: https://tinyurl.com/4j4kftud. Acesso em: 22 abr. 2025.

198. FUHRMANN, D. *et al.* Synchrony and motor mimicking in chimpanzee observational learning. *Scientific Reports*, v. 4, n. 5 283, 2014. Disponível em: https://www.nature.com/articles/srep05283. Acesso em: 22 abr. 2025.

199. POPE, S. M.; RUSSELL, J. L.; HOPKINS, W. D. The association between imitation recognition and socio-communicative competencies in chimpanzees (*Pan troglodytes*). *Frontiers in Psychology*, v. 6, n. 188, 2015. Disponível em: https://tinyurl.com/yc3tbxxb. Acesso em: 22 abril 2025.

200. BERAN, M. J. *et al.* Chimpanzee food preferences, associative learning, and the origins of cooking. *Learning & Behavior*, v. 44, n. 2, p. 103-108, 2016. Disponível em: https://tinyurl.com/549kebw3. Acesso em: 22 abr. 2025.
201. MUSGRAVE, S. *et al.* Tool transfers are a form of teaching among chimpanzees. *Scientific Reports*, v. 6, p. 34 783, 2016. Disponível em: https://www.nature.com/articles/srep34783. Acesso em: 22 abr. 2025.
202. TENNIE, C.; CALL, J.; TOMASELLO, M. Ratcheting up the ratchet: on the evolution of cumulative culture. *Philosophical Transactions of the Royal Society of London Series B: Biological Science*, v. 364, n. 1 528, p. 2 405-2 415, 2009. Disponível em: https://tinyurl.com/5x26s9jy. Acesso em: 22 abr. 2025.
203. TOMASELLO, M. Cultural Transmission: A View from Chimpanzees and Human Infants. *Journal of Cross-Cultural Psychology*, v. 32, n. 2, p. 135-146, 2001. Disponível em: https://tinyurl.com/23s84a8y. Acesso em: 22 abr. 2025.
204. TENNIE, C. *et al.* Early Stone Tools and Cultural Transmission: Resetting the Null Hypothesis. *Current Anthropology (CA Forum on Theory in Anthropology)*, v. 58, n. 5, p. 652-672, 2017. Disponível em: https://www.journals.uchicago.edu/doi/abs/10.1086/693846. Acesso em: 22 abr. 2025.
205. SANZ, C. M.; MORGAN, D. B. Ecological and social correlates of chimpanzee tool use. *Philosophical Transactions of the Royal Society Series B: Biological Sciences*, v. 368, n. 1 630, 2013. Disponível em: https://tinyurl.com/yc3fzpzy. Acesso em: 22 abr. 2025.
206. MUSGRAVE, S. *et al.* Teaching varies with task complexity in wild chimpanzees. *Proceedings of the National Academy of Sciences of the United States of America*, v. 117, n. 2, p. 969-976, 2019. Disponível em: https://www.pnas.org/doi/abs/10.1073/pnas.1907476116. Acesso em: 22 abr. 2025.
207. PASCUAL-GARRIDO, A. Cultural variation between neighbouring communities of chimpanzees at Gombe, Tanzania. *Scientific Reports*, v. 9, n. 8 260, 2019. Disponível em: https://www.nature.com/articles/s41598-019-44703-4. Acesso em: 22 abr. 2025.
208. DAVIS, S. J. *et al.* Foundations of cumulative culture in apes: improved foraging efficiency through relinquishing and combining witnessed behaviours in chimpanzees (*Pan troglodytes*). *Scientific Reports*, v. 6, n. 35 953, 2016. Disponível em: https://www.nature.com/articles/srep35953. Acesso em: 22 abr. 2025.
209. GRUBER, T. *et al.* Apes have culture but may not know that they do. *Frontiers in Psychology*, v. 6, 2015. Disponível em: https://tinyurl.com/37c2tr9m. Acesso em: 22 abr. 2025.
210. DEAN, L. G. *et al.* Human cumulative culture: a comparative perspective. *Biological Reviews*, v. 89, n. 2, p. 284-301, 2014. Disponível em: https://tinyurl.com/bd7u73aj. Acesso em: 22 abr. 2025.
211. PRICE, E. E. *et al.* A potent effect of observational learning on chimpanzee tool construction. *Philosophical Transactions of the Royal Society Series B: Biological Sciences*, v. 276, n. 1 671, p. 3 377-3 383, 2009. Disponível em: https://tinyurl.com/6nndtez3. Acesso em: 22 abr. 2025.

212. CALDWELL, C. A.; MILLEN, A. E. Social learning mechanisms and cumulative cultural evolution: is imitation necessary? *Psychological Science*, v. 20, n. 12, p. 1 478-1 483, 2009. Disponível em: https://tinyurl.com/4dwx37yd. Acesso em: 22 abr. 2025.
213. CALDWELL, C. A. *et al.* End state copying by humans (*Homo sapiens*): Implications for a comparative perspective on cumulative culture. *Journal of Comparative Psychology*, v. 126, n. 2, p. 161-169, 2012. Disponível em: https://tinyurl.com/5n6b29na. Acesso em: 22 abr. 2025.
214. RENDELL, L. *et al.* Cognitive culture: theoretical and empirical insights into social learning strategies. *Trend in Cognitive Sciences*, v. 15, n. 2, p. 68-76, 2011. Disponível em: https://tinyurl.com/yc5vn3yd. Acesso em: 22 abr. 2025.
215. BOESCH, C. *et al.* Learning curves and teaching when acquiring nut-cracking in humans and chimpanzees. *Scientific Reports*, v. 9, n. 1 515, 2019. Disponível em: https://www.nature.com/articles/s41598-018-38392-8. Acesso em: 22 abr. 2025.
216. DESJARLAIS, R.; THROOP, C. J. Phenomenological Approaches in Anthropology. *Annual Review of Anthropology*, v. 40, n. 1, p. 87-102, 2011. Disponível em: https://tinyurl.com/4msuk99n. Acesso em: 22 abr. 2025.
217. ORTNER, S. B. Subjectivity and cultural critique. *Anthropological Theory*, v. 5, n. 1, p. 31-52, 2005. Disponível em: https://tinyurl.com/2s4j7np4. Acesso em: 22 abr. 2025.
218. ELIADE, M. *Imagens e símbolos*. São Paulo: Martins Fontes, 1991.
219. ELIADE, M. *Mito e realidade*. São Paulo: Perspectiva, 2002.
220. MAUSS, M. *Sociologia e Antropologia*. São Paulo: Cosac Naify, 2015.
221. CANCLINI, N. G. *Culturas híbridas*: estratégias para entrar e sair da modernidade. São Paulo: Edusp, 2015.
222. GEERTZ, C. *A interpretação das culturas*. Rio de Janeiro: LTC, 2008.
223. MARCUS, G. E.; FISCHER, M. M. J. *Anthropology as cultural critique*: an experimental moment in the human sciences. Chicago: University of Chicago Press, 2014.
224. PINA-CABRAL, J. de. A antropologia e a “crise”. *Revista Brasileira de Ciências Sociais*, v. 26, n. 77, p. 31-38, 2011. Disponível em: https://tinyurl.com/y87s2p2a. Acesso em: 22 abr. 2025.
225. PINA-CABRAL, J. de. The All-or-Nothing Syndrome and the Human Condition. *Social Analysis*, v. 53, n. 2, p. 163-176, 2009. Disponível em: https://tinyurl.com/38u92nnd. Acesso em: 22 abr. 2025.
226. LÉVI-STRAUSS, C. *Mito e significado*. Lisboa: Ed. 70, 2001.
227. DESCOLA, P. *Beyond Nature and Culture*. Chicago: University of Chicago Press, 2014.
228. ESCOBAR, A. O lugar da natureza e a natureza do lugar. *In*: LANDER, E. A. (org.). *Colonialidade do saber*. Buenos Aires: CLACSO, 2005. p. 133-168.
229. BENEZRA, A.; DeSTEFANO, J.; GORDON, J. I. Anthropology of microbes. *Proceedings of the National Academy of Sciences of the United States of America*,

v. 109, n. 17, p. 6 378-6 381, 2012. Disponível em: https://www.pnas.org/doi/abs/10.1073/pnas.1200515109. Acesso em: 22 abr. 2025.

230. LOW, S. M. Towards an anthropological theory of space and place. *Semiotica*, v. 2 009, n. 175, p. 21-37, 2009. Disponível em: https://tinyurl.com/y4fe6exy. Acesso em: 22 abr. 2025.

231. APPADURAI, A. *The Social Life of Things*: Commodities in a Cultural Perspective. Cambridge: Cambridge University Press, 1986.

232. INGOLD, T. Eight Themes in the Anthropology of Technology. *Social Analysis*: The International Journal of Social and Cultural Practice, v. 41, n. 1, p. 106--138, 1997. Disponível em: https://www.jstor.org/stable/23171736. Acesso em: 22 abr. 2025.

233. LOCK, M. Recovering the Body. *Annual Review of Anthropology*, v. 46, p. 1-14, 2017. Disponível em: https://tinyurl.com/bdd778b9. Acesso em: 22 abr. 2025.

234. MASCIA-LEES, F. E. (ed.). *A Companion to the Anthropology of the Body and Embodiment*. New York: Willey-Blackwell, 2011.

235. KING, B. J.; SHANKER, S. G. How can we know the dancer from the dance? The dynamic nature of African great ape social communication. *Anthropological Theory*, v. 3, n. 1, p. 5-26, 2003. Disponível em: https://tinyurl.com/26946dxt. Acesso em: 22 abr. 2025.

236. KING, B. *The dynamic dance*: nonvocal communication in African great apes. Harvard: Harvard University Press, 2004.

237. GREENSPAN, S. I.; SHANKER, S. G. *The first idea*: how symbols, language and intelligence evolved from our primate ancestors to modern humans. Cambridge: Da Capo Press, 2004.

238. HERZFELD, C. *Wattana*: an orangutan in Paris. Chicago: University of Chicago Press, 2016.

239. FIELDS, W. M.; SEGERDAHL, P.; SAVAGE-RUMBAUGH, S. The Material Practices of Ape Language Research. *In*: VALSINER, J.; ROSA, A. (ed.). *The Cambridge Handbook of Sociocultural Psychology*. Cambridge: Cambridge University Press, 2007. p. 164-186. (Cambridge Handbooks in Psychology).

240. SAVAGE-RUMBAUGH, E. S. *Ape language*: From Conditioned Response to Symbol. New York: Columbia University Press, 1986. (Animal Intelligence).

241. FOUTS, R. *O parente mais próximo*. São Paulo: Objetiva, 1998.

242. SAVAGE-RUMBAUGH, S. *et al.* Spontaneous symbol acquisition and communicative use by pygmy chimpanzees (*Pan paniscus*). *Journal of Experimental Psychology: General*, v. 115, n. 3, p. 211-235, 1986. Disponível em: https://psycnet.apa.org/buy/1986-29211-001. Acesso em: 22 abr. 2025.

243. MARX, J. L. Ape-Language Controversy Flares Up. *Science*, v. 207, p. 1 330-1 333, 1980. Disponível em: https://tinyurl.com/mwk6d263. Acesso em: 22 abr. 2025.

244. HIXSON, M. D. Ape Language Research: A Review and Behavioral Perspective. *The Analysis of Verbal Behavior*, v. 15, p. 17-39, 1998. Disponível em: https://tinyurl.com/mr33uasz. Acesso em: 22 abr. 2025.

245. SHANKER, S. G.; KING, B. J. The emergence of a new paradigm in ape language research. *Behavioral and Brain Sciences*, v. 25, n. 5, p. 605-620, 2002. Disponível em: https://tinyurl.com/43h6eazc. Acesso em: 22 abr. 2025.

246. RAPCHAN, E. S.; NEVES, W. A. Etnografias sobre humanos e não humanos: limites e possibilidades. *Revista de Antropologia*, v. 57, n. 1, p. 33-84, 2014b. Disponível em: https://tinyurl.com/378yasew. Acesso em: 22 abr. 2025.

247. PARKS, S. E. *et al.* Evidence for acoustic communication among bottom foraging humpback whales. *Scientific Reports*, v. 4, n. 7 508, 2014. Disponível em: https://www.nature.com/articles/srep07508. Acesso em: 22 abr. 2025.

248. KÖHLER, W. *The mentality of apes*. New York: Routledge, 2019.

249. VÖLTER, C. J.; CALL, J. Problem solving in great apes (*Pan paniscus, Pan troglodytes, Gorilla gorilla*, and *Pongo abelii*): the effect of visual feedback. *Animal Cognition*, v. 15, p. 923-936, 2012. Disponível em: https://tinyurl.com/2stmnbhu. Acesso em: 22 abr. 2025.

250. FAVRET-SAADA, J. "Ser afetado", de Jeanne Favret-Saada. *Cadernos de Campo (São Paulo – 1991)*, v. 13, n. 13, p. 155-161, 2005. Disponível em: https://tinyurl.com/3et9sh7h. Acesso em: 22 abr. 2025.

251. INGOLD, T. *Estar vivo*: ensaios sobre movimento, conhecimento, descrição. Petrópolis: Vozes, 2015.

252. MALINOWSKI, B. *Os Argonautas do Pacífico Ocidental*. São Paulo: Ubu, 2018.

253. WORLD HEALTH ORGANIZATION. *Mental Health Atlas 2020*. Genève: World Health Organization, 2021. Disponível em: https://www.who.int/publications/i/item/9789240036703. Acesso em: 22 abr. 2025.

254. OLIVEIRA, C. S. de; LOTUFO NETO, F. Suicídio entre povos indígenas: um panorama estatístico brasileiro. *Revista de Psiquiatria Clínica*, São Paulo, v. 30, n. 1, p. 4-10, 2003. Disponível em: https://tinyurl.com/37r3efc5. Acesso em: 22 abr. 2025.

255. CAMPELO, L. Taxa de suicídios entre indígenas é três vezes superior à média do País. *Brasil de Fato*, 24 set. 2018. Saúde Popular. Disponível em: https://tinyurl.com/52avba49. Acesso em: 22 abr. 2025.

256. MORGADO, A. F. Epidemia de suicídio entre os Guarani-Kaiowá: indagando suas causas e avançando a hipótese do recuo impossível. *Cadernos de Saúde Pública*, v. 7, n. 4, p. 585-598, 1991. Disponível em: https://tinyurl.com/y2mvf6au. Acesso em: 22 abr. 2025.

257. MEHY, J. C. S. *Canto de morte kaiowá*: história oral de vida. Rio de Janeiro: Loyola, 1991.

258. GUEDES, C. Suicídio indígena e exclusão social. XXX CONGRESSO ALAS – Associação Latino-Americana de Sociologia. San Jose, Costa Rica, 2015. Disponível em: https://tinyurl.com/2s46nucy. Acesso em: 22 abr. 2025.

259. CIMI. *Relatório Violência contra os povos indígenas no Brasil* – 2009. Brasília: Conselho Indigenista Missionário, 2010. Disponível em: https://tinyurl.com/3hb8up7d. Acesso em: 22 abr. 2025.

260. CIMI. *Relatório Violência contra os povos indígenas no Brasil* – Dados de 2013. Brasília: Conselho Indigenista Missionário, 2014. Disponível em: https://tinyurl.com/swajscyy. Acesso em: 22 abr. 2025.
261. RANGEL, L. H.; LIEBGOTT, R. A. Governo federal e o fomento às violências aos direitos indígenas. *In*: CIMI. *Relatório Violência contra os povos indígenas no Brasil* – Dados de 2014. Brasília: Conselho Indigenista Missionário, 2015. Disponível em: https://tinyurl.com/97xkxyjw. Acesso em: 22 abr. 2025.
262. AZEVEDO, M. M. O suicídio entre os Guarani Kaiowá. *Terra Indígena*, v. 58, 1991.
263. PIMENTEL, S. K. *Sansões e Guaxos*: suicídio Guarani e Kaiowá – uma proposta de síntese. Dissertação (Mestrado) – Faculdade de Filosofia, Letras e Ciências Humanas, Universidade de São Paulo, São Paulo, 2006. Disponível em: https://repositorio.usp.br/item/001555101. Acesso em: 22 abr. 2025.
264. EVANS-PRITCHARD, E. E. *Bruxaria, oráculos e magia entre os Azande*. Rio de Janeiro: Zahar, 2005.
265. BLEEK, W. Witchcraft, gossip and death: a social drama. *Man*, v. 11, n. 4, p. 526-541, 1976. Disponível em: https://www.jstor.org/stable/2800437. Acesso em: 22 abr. 2025.
266. TURNER, V. *O processo ritual*. Petrópolis: Vozes, 1976.
267. DOUGLAS, M. (ed.). *Witchcraft*: confessions and accusations. London: Tavistock, 1970.
268. CANNON, W. B. Voodoo death. *American Anthropologist*, v. 44, n. 2, p. 169--181, 1942.
269. LEX, B. W. Voodoo Death: New Thoughts on an Old Explanation. *American Anthropologist*, v. 76, n. 4, p. 818-823, 1974. Disponível em: https://tinyurl.com/2m72s23n. Acesso em: 22 abr. 2025.
270. RAPPAPORT, R. A. *Pigs for the Ancestors*: ritual in the ecology of a New Guinea People. Long Grove: Waveland Press, 2000.
271. LIMA, T. S. O dois e seu múltiplo: reflexões sobre o perspectivismo em uma cosmologia tupi. *Mana*, v. 2, n. 2, p. 21-47, 1996. Disponível em: https://tinyurl.com/mt5savbc. Acesso em: 22 abr. 2025.
272. LIMA, T. S. Por uma cartografia do poder e da diferença nas cosmopolíticas ameríndias. *Revista de Antropologia*, v. 54, n. 2, p. 601-646, 2011. Disponível em: https://www.jstor.org/stable/43923882. Acesso em: 22 abr. 2025.
273. CASTRO, E. V. de. Os pronomes cosmológicos e o perspectivismo ameríndio. *Mana*, v. 2, n. 2, p. 115-144, 1996. Disponível em: https://tinyurl.com/4smzducc. Acesso em: 25 abr. 2025.

2. A Revolução Criativa do Paleolítico Superior

1. HARMAND, S. *et al.* 3.3-million-year-old stone tools from Lomekwi 3, West Turkana, Kenya. *Nature*, v. 521, p. 310-315, 2015. Disponível em: https://www.nature.com/articles/nature14464. Acesso em: 26 maio 2025.

2. MITHEN, S. *The prehistory of the mind*: A search for the origins of art, science, and religion. London: Thames & Hudson, 1996.
3. MELLARS, P. Cognitive Changes and the Emergence of Modern Humans in Europe. *Cambridge Archaeological Journal*, v. 1, n. 1, p. 63-76, 1991. Disponível em: https://tinyurl.com/2c25mbvm. Acesso em: 26 maio 2025.
4. WHITE, R. Rethinking the Middle/Upper Paleolithic Transition. *Current Anthropology*, v. 23, n. 2, p. 169-192, 1982. Disponível em: https://www.jstor.org/stable/2742355. Acesso em: 26 maio 2025.
5. BAR-YOSEF, O. The Upper Paleolithic Revolution. *Annual Review of Anthropology*, v. 31, p. 363-393, 2002. Disponível em: https://www.jstor.org/stable/4132885. Acesso em: 26 maio 2025.
6. MULVANEY, J.; KAMMINGA, J. *Prehistory of Australia*. Washington, DC: Smithsonian Institution Press; St. Leonards: Allen and Unwin, 1999.
7. TARTAR, E.; WHITE, R. The manufacture of Aurignacian split-based points: an experimental challenge. *Journal of Archaeological Science*, v. 40, n. 6, p. 2723-2745, 2013. Disponível em: https://tinyurl.com/kakb6drk. Acesso em: 26 maio 2025.
8. BACHELLERIE, F. *et al.* La signature archéologique de l'activité de chasse appliquée à la comparaison des industries moustériennes, châtelperroniennes et aurignaciennes des Pyrénées: nature des équipements et fonctions des sites. *Palethnologie*, v. 3, p. 131-168, 2011. Disponível em: https://tinyurl.com/y576wy6m. Acesso em: 26 maio 2025.
9. SOFFER, O. *The Upper Paleolithic of the Central Russian Plain*. Orlando: Academic Press, 1985.
10. SOFFER, O. The Middle to Upper Palaeolithic transition on the Russian Plain. *In*: MELLARS, P.; STRINGER, C. (ed.). *The Human Revolution*. Princeton: Princeton University Press, 1989. p. 714-742.
11. GRIGOR'EV, G. P. The Kostenki-Avdeevo Archaeological Culture and the Willendorf-Pavlov-Kostenki-Avdeevo Cultural Unity. *In*: SOFFER, O.; PRASLOV, N. D. (ed.). *From Kostenki to Clovis. Interdisciplinary Contributions to Archaeology*. Boston: Springer, 1993. p. 51-65.
12. FARIZY, C. Behavioral and cultural changes at the Middle to Upper Paleolithic transition in Western Europe. *In*: NITECKI, M. H.; NITECKI, D. V. (ed.). *Origins of Anatomically Modern Humans*. New York: Plenum, 1994. p. 93-100.
13. GAMBLE, C. *The Palaeolithic Societies of Europe*. Cambridge: Cambridge University Press, 1999.
14. MELLARS, P. Archaeology and the origins of modern humans: European and African perspectives. *In*: CROW, T. J. *The Speciation of Modern Homo Sapiens*. Proceedings of the British Academy, 106. London: The British Academy, 2002. p. 31-48.
15. CONARD, N. J.; MALINA, M.; MÜNZEL, S. C. New flutes document the earliest musical tradition in southwestern Germany. *Nature*, v. 460, p. 737--740, 2009. Disponível em: https://www.nature.com/articles/nature08169. Acesso em: 26 maio 2025.

16. GOODWIN, A. J. H.; LOWE, C. V. R. The Stone Age cultures of South Africa. *Annals of the South African Museum*, v. 27, 1929. Disponível em: https://tinyurl.com/yjresn43. Acesso em: 26 maio 2025.
17. HENSHILWOOD, C. S. *et al.* Blombos Cave, Southern Cape, South Africa: preliminary report on the 1992-1999 excavations of the Middle Stone Age levels. *Journal of Archaeological Science*, v. 28, n. 4, p. 421-448, 2001. Disponível em: https://tinyurl.com/3622vb49. Acesso em: 26 maio 2025.
18. WURZ, S. The Howiesons Poort Backed Artefacts from Klasies River: An Argument for Symbolic Behaviour. *South African Archaeological Bulletin*, v. 54, n. 169, p. 38-50, 1999. Disponível em: https://tinyurl.com/y7wk7zaj. Acesso em: 26 maio 2025.
19. LEROI-GOURHAN, A.; LEROI-GOURHAN, A. Chronologie des grottes d'Arcy-sur-Cure (Yonne). *Gallia Préhistoire*, v. 7, p. 1-64, 1964. Disponível em: https://tinyurl.com/3c66ffkt. Acesso em: 26 maio 2025.
20. WHITE, R. Production complexity and standardization in early Aurignacian bead and pendant manufacture: Evolutionary implications. *In*: MELLARS, P.; STRINGER, C. (ed.). *The Human Revolution*: Behavioural and biological perspectives on the origins of modern humans. Edinburgh: Edinburgh University Press, 1989. p. 366-390.
21. BAFFIER, D.; JULIEN, M. L'outillage en os des niveaux châtelperroniens d'Arcy-sur-Cure. *In*: FARIZY, C. (ed.). *Paleólithique moyen récent et Paléolithique supérieur ancien en Europe*. Mémoires du Musée de Préhistoire d'Ile de France, 3. Nemours: Musée de Préhistoire d'Ile de France, 1990. p. 329-334.
22. TABORIN, Y. Les prémices de la parure. *In*: FARIZY, C. (ed.). *Paléolithique moyen récent et Paléolithique supérieur ancien en Europe*. Mémoires du Musée de Préhistoire d'Ile de France, 3. Nemours: Musée de Préhistoire d'Ile de France, 1990. p. 335-344.
23. D'ERRICO, F. *et al.* Neanderthal Acculturation in Western Europe? A Critical Review of the Evidence and its Interpretation. *Current Anthropology*, v. 39, p. S1-S44, 1998. Suplemento. Disponível em: https://tinyurl.com/3ney2xfz. Acesso em: 26 maio 2025.
24. FARIZY, C. The transition from Middle to Upper Palaeolithic at Arcy-sur-Cure (Yonne, France): Technological, economic, and social aspects. *In*: MELLARS, P. (ed.). *The emergence of modern humans*: an archaeological perspective. Edinburgh: Edinburgh University Press, 1990. p. 303-326.
25. MELLARS, P. The Neanderthal problem continued. *Current Anthropology*, v. 40, n. 3, p. 341-364, 1999. Disponível em: https://tinyurl.com/bdfzdev2. Acesso em: 26 maio 2025.
26. LÉVÊQUE, F.; VANDERMEERSCH, B. Découverte de restes humains dans un niveau castelperronien à Saint Césaire (Charente-Maritime). *Comptes Rendus de l'Académie des Sciences de Paris*, v. 291, n. 2, p. 187-189, 1980.
27. LÉVÊQUE, F.; BACKER, A. M.; GUILBAUD, M. (ed.). *Context of a late Neandertal*: Implications of multidisciplinary research for the transition to

Upper Paleolithic adaptations at Saint-Césaire, Charente-Maritime, France. Madison: Prehistory Press, 1993.

28. HUBLIN, J.-J. Les peuplements paléolithiques de l'Europe: Un point de vue géographique. *In*: FARIZY, C. (ed.). *Paléolithique moyen récent et Paléolithique supérieur ancien en Europe*. Mémoires du Musée de Préhistoire Île-de-France, 3. Nemours: Musée de Préhistoire Île-de-France, 1990. p. 29-37.
29. HUBLIN, J.-J. *et al.* A late Neanderthal associated with Upper Palaeolithic artefacts. *Nature*, v. 381, p. 224-226, 1996. Disponível em: https://www.nature.com/articles/381224a0. Acesso em: 26 maio 2025.
30. GRAVES, P. New Models and Metaphors for the Neanderthal Debate. *Current Anthropology*, v. 32, n. 5, p. 513-541, 1991. Disponível em: https://www.jstor.org/stable/2743684. Acesso em: 26 maio 2025.
31. STRINGER, C.; GAMBLE, C. *In search of the Neanderthals*: Solving the puzzle of human origins. London: Thames and Hudson, 1993.
32. MELLARS, P. A. Archaeology and the population-dispersal hypothesis of modern human origins in Europe. *Philosophical Transactions of the Royal Society of London, Series B*, v. 337, n. 1 280, p. 225-234, 1992. Disponível em: https://tinyurl.com/52thevxs. Acesso em: 26 maio 2025.
33. MELLARS, P. A. Models for the dispersal of anatomically modern populations across Europe: Theoretical and archaeological perspectives. *In*: BAR-YOSEF, O. *et al.* (ed.). *The Lower and Middle Palaeolithic*: Colloquia. Forlì: ABACO Editions, 1996. p. 225-237.
34. MELLARS, P. The impact of climatic changes on the demography of late Neanderthal and early anatomically modern populations in Europe. *In*: AKAZAWA, T.; AOKI, K.; BAR-YOSEF, O. *Neandertals and modern humans in Western Asia*. New York: Plenum, 1998. p. 493-507.
35. WHITE, R. Personal ornaments from the Grotte du Renne at Arcy-sur-Cure. *Athena Review*, v. 2, n. 4, p. 41-46, 2001. Disponível em: https://tinyurl.com/mrsyp. Acesso em: 26 maio 2025.
36. WHITE, R. Observations technologiques sur les objets de parure. *In*: SCHMIDER, B. (ed.). *Gallia préhistoire*, Paris, p. 257-266, 2002. Suplemento 34. L'Aurignacien de la grotte du Renne. Les fouilles d'André Leroi-Gourhan à Arcy-sur-Cure (Yonne).
37. BAR-YOSEF, O.; BORDES, J.-G. Who were the makers of Châtelperronian culture? *Journal of Human Evolution*, v. 59, n. 5, p. 586-593, 2010. Disponível em: https://tinyurl.com/mwrv6eaj. Acesso em: 27 maio 2025.
38. HIGHAM, T. *et al.* Chronology of the Grotte du Renne (France) and implications for the context of ornaments and human remains within the Châtelperronian. *Proceedings of the National Academy of Sciences of the United States of America*, v. 107, n. 47, p. 20 234-20 239, 2010. Disponível em: https://tinyurl.com/4r6mj3ay. Acesso em: 27 maio 2025.
39. GRAVINA, B. *et al.* No Reliable Evidence for a Neanderthal-Châtelperronian Association at La Roche-à-Pierrot, Saint-Césaire. *Scientific Reports*, v. 8,

n. 15 134, 2018. Disponível em: https://tinyurl.com/mvk23dbf. Acesso em: 27 maio 2025.

40. WILSON, A. C.; CANN, R. L. The Recent African Genesis of Humans. *Scientific American*, v. 266, n. 4, p. 68-75, 1992. Disponível em: https://tinyurl.com/3rypdv8p. Acesso em: 27 maio 2025.

41. STRINGER, C.; GALWAY-WITHAM, J. On the origin of our species. *Nature*, v. 546, p. 212-214, 2017. Disponível em: https://www.nature.com/articles/546212a. Acesso em: 27 maio 2025.

42. KLEIN, R. G. Anatomy, behavior, and modern human origins. *Journal of World Prehistory*, v. 9, n. 2, p. 167-198, 1995. Disponível em: https://tinyurl.com/23bbuw46. Acesso em: 27 maio 2025.

43. THORNE, A. G.; WOLPOFF, M. H. The Multiregional Evolution of Humans. *Scientific American*, v. 266, n. 4, p. 76-83, 1992. Disponível em: https://tinyurl.com/ycxehsdm. Acesso em: 27 maio 2025.

44. BAR-YOSEF, O. On the Nature of Transitions: the Middle to Upper Palaeolithic and the Neolithic Revolution. *Cambridge Archaeological Journal*, v. 8, n. 2, p. 141-163, 1998. Disponível em: https://tinyurl.com/2p9j23w6. Acesso em: 27 maio 2025.

45. HENSHILWOOD, C. S.; MAREAN, C. W. The Origin of Modern Human Behavior: Critique of the Models and Their Test Implications. *Current Anthropology*, v. 44, n. 5, p. 627-651, 2003. Disponível em: https://tinyurl.com/4xevcxwe. Acesso em: 27 maio 2025.

46. CAVALLI-SFORZA, L. L.; FELDMAN, M. W. The application of molecular genetic approaches to the study of human evolution. *Nature Genetics*, v. 33, p. 266-275, 2003. Disponível em: https://www.nature.com/articles/ng1113. Acesso em: 27 maio 2025.

47. GIBSON, K. R. The biocultural human brain, seasonal migrations, and the emergence of the Upper Paleolithic. *In*: MELLARS, P.; GIBSON, K. (ed.). *Modelling the Early Human Mind*. Cambridge: McDonald Institute for Archeological Research, 1996. p. 33-46.

48. BAR-YOSEF, O. The Archaeological Framework of the Upper Paleolithic Revolution. *Diogenes*, v. 54, n. 2, p. 3-18, 2007. Disponível em: https://tinyurl.com/yeyn6etw. Acesso em: 27 maio 2025.

49. MITHEN, S. From domain specific to generalized intelligence: a cognitive interpretation of the Middle/Upper Palaeolithic transition. *In*: RENFREW, C.; ZUBROW, E. (ed.). *The Ancient Mind*: Elements of a Cognitive Archaeology. Cambridge: Cambridge University Press, 1994. p. 29-39.

50. KLEIN, R. G. *The human career*: human biological and cultural origins. Chicago: Chicago University Press, 1999.

51. KLEIN, R. G. Southern Africa and Modern Human Origins. *Journal of Anthropological Research*, v. 57, n. 1, p. 1-16, 2001a. Disponível em: https://tinyurl.com/mekwkdrw. Acesso em: 27 maio 2025.

52. KLEIN, R. G. Fully modern humans. *In*: FEINMAN, G. M.; PRICE, T. D. (ed.). *Archaeology at the Millennium*. New York: Plenum, 2001b. p. 109-135.

53. BROOKS, A. S.; McBREARTY, S. The revolution that wasn't: a new interpretation of the origin of modern human behavior. *Journal of Human Evolution*, v. 39, n. 5, p. 453-563, 2000. Disponível em: https://tinyurl.com/y37a9cdz. Acesso em: 27 maio 2025.

3. Indícios de comportamento simbólico anteriores ao Paleolítico Superior

1. BROOKS, A. S.; McBREARTY, S. The revolution that wasn't: A new interpretation of the origin of modern human behavior. *Journal of Human Evolution*, v. 39, n. 5, p. 453-563, 2000. Disponível em: https://tinyurl.com/y37a9cdz. Acesso em: 27 maio 2025.
2. BARHAM, L. S. Systematic Pigment Use in the Middle Pleistocene of South-Central Africa. *Current Anthropology*, v. 43, n. 1, p. 181-190, 2002. Disponível em: https://tinyurl.com/37jexjsb. Acesso em: 27 maio 2025.
3. WHITE, R. *Prehistoric Art*: The Symbolic Journey of Humankind. New York: Harry N. Abrams, 2003.
4. JOORDENS, J. C. A. *et al. Homo erectus* at Trinil on Java used shells for tool production and engraving. *Nature*, v. 518, p. 228-231, 2015. Disponível em: https://www.nature.com/articles/nature13962. Acesso em: 27 maio 2025.
5. HENSHILWOOD, C. S.; D'ERRICO, F.; WATTS, I. Engraved ochres from the Middle Stone Age levels at Blombos Cave, South Africa. *Journal of Human Evolution*, v. 57, n. 1, p. 27-47, 2009. Disponível em: https://tinyurl.com/2mcyyyjj. Acesso em: 27 maio 2025.
6. D'ERRICO, F.; MORENO, R. G.; RIFKIN, R. F. Technological, elemental and colorimetric analysis of an engraved ochre fragment from the Middle Stone Age levels of Klasies River Cave 1, South Africa. *Journal of Archaeological Science*, v. 39, n. 4, p. 942-952, 2012. Disponível em: https://tinyurl.com/3xndt4x5. Acesso em: 27 maio 2025.
7. GOREN-INBAR, N. The Lithic assemblage of the Berekhat Ram Acheulian site, Golan Heights. *Paléorient*, v. 11, n. 1, p. 7-28, 1985. Disponível em: https://tinyurl.com/4zca8vsp. Acesso em: 27 maio 2025.
8. GOREN-INBAR, N. A Figurine from the Acheulian Site of Berekhat Ram. *Mitekufat Haeven*, v. 19, p. 7-12, 1986. Disponível em: https://www.jstor.org/stable/23373142. Acesso em: 27 maio 2025.
9. PELCIN, A. A Geological Explanation for the Berekhat Ram Figurine. *Current Anthropology*, v. 35, n. 5, p. 674-675, 1994. Disponível em: https://tinyurl.com/pkad7kyd. Acesso em: 27 maio 2025.
10. DAVIDSON, I. Bilzingsleben and early marking. *Rock Art Research*, v. 7, p. 52-56, 1990.
11. GOREN-INBAR, N.; PELTZ, S. Additional remarks on the Berekhat Ram figurine. *Rock Art Research*, v. 12, p. 131-132, 1995.
12. D'ERRICO, F.; NOWELL, A. A New Look at the Berekhat Ram Figurine: Implications for the Origins of Symbolism. *Cambridge Archaeological Journal*,

v. 10, n. 1, p. 123-167, 2000. Disponível em: https://tinyurl.com/6cykfx49. Acesso em: 27 maio 2025.

13. BEDNARIK, R. G. A Figurine from the African Acheulian. *Current Anthropology*, v. 44, n. 3, p. 405-413, 2003a. Disponível em: https://tinyurl.com/mw7eb4nz. Acesso em: 27 maio 2025.
14. BEDNARIK, R. G. The earliest evidence of palaeoart. *Rock Art Research*, v. 20, p. 89-135, 2003b. Disponível em: https://tinyurl.com/eupub7yd. Acesso em: 27 maio 2025.
15. BROOKS, A. S. *et al.* Long-distance stone transport and pigment use in the earliest Middle Stone Age. *Science*, v. 360, n. 6 384, p. 90-94, 2018. Disponível em: https://www.science.org/doi/10.1126/science.aao2646. Acesso em: 27 maio 2025.
16. ISAAC, G. L. *Olorgesailie*. Chicago: University of Chicago Press, 1977.
17. ZILHÃO, J. *et al.* Symbolic use of marine shells and mineral pigments by Iberian Neandertals. *Proceedings of the National Academy of Sciences of the United States of America*, v. 107, n. 3, p. 1 023-1 028, 2010. Disponível em: https://tinyurl.com/cknjps2n. Acesso em: 27 maio 2025.
18. ROEBROEKS, W. *et al.* Use of red ochre by early Neandertals. *Proceedings of the National Academy of Sciences of the United States of America*, v. 109, n. 6, p. 1 889-1 894, 2012. Disponível em: https://tinyurl.com/z37ty5ps. Acesso em: 27 maio 2025.
19. WADLEY, L.; WILLIAMSON, B.; LOMBARD, M. Ochre hafting in Middle Stone Age southern Africa: a practical role. *Antiquity*, v. 78, n. 301, p. 661-675, 2004. Disponível em: https://tinyurl.com/ycy7zc2z. Acesso em: 27 maio 2025.
20. WADLEY, L.; HODGSKISS, T.; GRANT, M. Implications for complex cognition from the hafting of tools with compound adhesives in the Middle Stone Age, South Africa. *Proceedings of the National Academy of Sciences of the United States of America*, v. 106, n. 24, p. 9 590-9 594, 2009. Disponível em: https://tinyurl.com/yvr734fc. Acesso em: 27 maio 2025.
21. VELO, J. Ochre as Medicine: A Suggestion for the Interpretation of the Archaeological Record. *Current Anthropology*, v. 25, n. 5, p. 674, 1984. Disponível em: https://tinyurl.com/5jv4wd58. Acesso em: 27 maio 2025.
22. PEILE, A. R. Colours that cure. *Hemisphere*, v. 23, p. 214-217, 1979.
23. MORIN, E.; LAROULANDIE, V. Presumed Symbolic Use of Diurnal Raptors by Neanderthals. *PLOS ONE*, v. 7, n. 3, e32856, 2012. Disponível em: https://tinyurl.com/yc2zac7n. Acesso em: 27 maio 2025.
24. KUHN, S. L. *et al.* The Last Glacial Maximum at Meged Rockshelter, Upper Galilee, Israel. *Journal of the Israel Prehistoric Society*, v. 34, p. 5-47, 2004. Disponível em: https://tinyurl.com/yc5ycyrv. Acesso em: 27 maio 2025.
25. FINLAYSON, C. *et al.* Birds of a Feather: Neanderthal Exploitation of Raptors and Corvids. *PLOS ONE*, v. 7, n. 9, e45927, 2012. Disponível em: https://tinyurl.com/bp5985yy. Acesso em: 27 maio 2025.
26. PERESANI, M. *et al.* Late Neanderthals and the intentional removal of feathers as evidenced from bird bone taphonomy at Fumane Cave 44 ky B.P., Italy.

Proceedings of the National Academy of Sciences of the United States of America, v. 108, n. 10, p. 3 888-3 893, 2011. Disponível em: https://tinyurl.com/mkpmnreh. Acesso em: 27 maio 2025.

27. PERESANI, M. *et al.* An Ochered Fossil Marine Shell from the Mousterian of Fumane Cave, Italy. *PLOS ONE*, v. 8, n. 7, e68572, 2013. Disponível em: https://tinyurl.com/2hv28yva. Acesso em: 27 maio 2025.

28. RODRÍGUEZ-VÍDAL, J. *et al.* A rock engraving made by Neanderthals in Gibraltar. *Proceedings of the National Academy of Sciences of the United States of America*, v. 111, n. 37, p. 13 301-13 306, 2014. Disponível em: https://tinyurl.com/37detnyu. Acesso em: 27 maio 2025.

29. HIGHAM, T. *et al.* Comments on "Human-climate interaction during the early Upper Paleolithic: Testing the hypothesis of an adaptive shift between the Proto-Aurignacian and the Early Aurignacian" by Banks *et al. Journal of Human Evolution*, v. 65, n. 6, p. 806-809, 2013. Disponível em: https://tinyurl.com/2websrhv. Acesso em: 27 maio 2025.

30. BANKS, W. E.; D'ERRICO, F.; ZILHÃO, J. Revisiting the chronology of the Proto-Aurignacian and the Early Aurignacian in Europe: A reply to Higham *et al*'s comments on Banks *et al* (2013). *Journal of Human Evolution*, v. 65, n. 6, p. 810-817, 2013. Disponível em: https://tinyurl.com/2k4a6jes. Acesso em: 27 maio 2025.

31. D'ERRICO, F.; BANKS, W. E. Tephra studies and the reconstruction of Middle-to-Upper Palaeolithic cultural trajectories. *Quaternary Science Reviews*, v. 118, p. 182-193, 2015. Disponível em: https://tinyurl.com/3m5b9tv2. Acesso em: 27 maio 2025.

32. HOFFMANN, D. L. *et al.* Symbolic use of marine shells and mineral pigments by Iberian Neandertals 115,000 years ago. *Science Advances*, v. 4, n. 2, eaar5255, 2018. Disponível em: https://tinyurl.com/eyppejpp. Acesso em: 27 maio 2025.

33. HOFFMANN, D. L. *et al.* U-Th dating of carbonate crusts reveals Neandertal origin of Iberian cave art. *Science*, v. 359, n. 6 368, p. 912-915, 2018. Disponível em: https://tinyurl.com/9kepzrt5. Acesso em: 27 maio 2025.

34. JAUBERT, J. *et al.* Early Neanderthal constructions deep in Bruniquel Cave in southwestern France. *Nature*, v. 534, p. 111-114, 2016. Disponível em: https://www.nature.com/articles/nature18291. Acesso em: 27 maio 2025.

35. AUBERT, M.; BRUMM, A.; HUNTLEY, J. Early dates for "Neanderthal cave art" may be wrong. *Journal of Human Evolution*, v. 125, p. 215-217, 2018. Disponível em: https://tinyurl.com/bdf8d58u. Acesso em: 27 maio 2025.

36. WHITE, R. *et al.* Still no archaeological evidence that Neanderthals created Iberian cave art. *Journal of Human Evolution*, v. 144, 102 640, 2020. Disponível em: https://tinyurl.com/3xdx4rz7. Acesso em: 27 maio 2025.

37. PONS-BRANCHU, E. *et al.* U-series dating at Nerja cave reveal open system. Questioning the Neanderthal origin of Spanish rock art. *Journal of Archaeological Science*, v. 117, 105 120, 2020. Disponível em: https://tinyurl.com/56rrzy8j. Acesso em: 27 maio 2025.

38. HOFFMANN, D. L. *et al.* Response to Aubert *et al.*'s reply 'Early dates for 'Neanderthal cave art'may be wrong'[J. Hum. Evol. 125 (2018), 215-217]. *Journal of Human Evolution*, v. 135, 102 644, 2019. Disponível em: https://tinyurl.com/ydsjxrrs. Acesso em: 27 maio 2025.
39. HOFFMANN, D. L. *et al.* Response to White *et al.*'s reply:'Still no archaeological evidence that Neanderthals created Iberian cave art'[J. Hum. Evol.(2020) 102640]. *Journal of Human Evolution*, v. 144, 102 810, 2010. Disponível em: https://tinyurl.com/y4p3pzvy. Acesso em: 27 maio 2025.
40. LEDER, D. *et al.* A 51,000-year-old engraved bone reveals Neanderthals' capacity for symbolic behaviour. *Nature Ecology & Evolution*, v. 5, n. 9, p. 1 273-1 282, 2021. Disponível em: https://tinyurl.com/2f58xmbz. Acesso em: 27 maio 2025.
41. HAJDINJAK, M. *et al.* Initial Upper Palaeolithic humans in Europe had recent Neanderthal ancestry. *Nature*, v. 592, p. 253-257, 2021. Disponível em: https://tinyurl.com/bdxv32te. Acesso em: 27 maio 2025.
42. SLIMAK, L. *et al.* Modern human incursion into Neanderthal territories 54,000 years ago at Mandrin, France. *Science Advances*, v. 8, n. 6, eabj9496, 2022. Disponível em: https://tinyurl.com/4kjxepxw. Acesso em: 27 maio 2025.
43. CALLAWAY, E. Evidence of Europe's first *Homo sapiens* found in French cave. *Nature News*, 2022. Disponível em: https://tinyurl.com/5n7en7k5. Acesso em: 27 maio 2025.
44. HARVATI, K. *et al.* Apidima Cave fossils provide earliest evidence of *Homo sapiens* in Eurasia. *Nature*, v. 571, n. 7 766, p. 500-504, 2019. Disponível em: https://tinyurl.com/cavvyc28. Acesso em: 27 maio 2025.
45. VANHAEREN, M. *et al.* Middle Palaeolithic Shell Beads in Israel and Algeria. *Science*, v. 312, n. 5 781, p. 1 785-1 788, 2006. Disponível em: https://tinyurl.com/yht2j4h7. Acesso em: 27 maio 2025.
46. MAREAN, C. W. *et al.* Early human use of marine resources and pigment in South Africa during the Middle Pleistocene. *Nature*, v. 449, p. 905-908, 2007. Disponível em: https://www.nature.com/articles/nature06204. Acesso em: 27 maio 2025.
47. BOUZOUGGAR, A. *et al.* 82,000-year-old shell beads from North Africa and implications for the origins of modern human behaviour. *Proceedings of the National Academy of Sciences of the United States of America*, v. 104, n. 24, p. 9 964-9 969, 2007. Disponível em: https://tinyurl.com/4jympk85. Acesso em: 27 maio 2025.
48. VANHAEREN, M.; D'ERRICO, F. Aurignacian ethno-linguistic geography of Europe revealed by personal ornaments. *Journal of Archaeological Science*, v. 33, n. 8, p. 1 105-1 128, 2006. Disponível em: https://tinyurl.com/5t42eb8r. Acesso em: 27 maio 2025.
49. HENSHILWOOD, C. S. *et al.* Emergence of Modern Human Behavior: Middle Stone Age Engravings from South Africa. *Science*, v. 295, n. 5 558, p. 1 278-1 280, 2002. Disponível em: https://tinyurl.com/arshh2zs. Acesso em: 27 maio 2025.
50. TEXIER, P. *et al.* A Howiesons Poort tradition of engraving ostrich eggshell containers dated to 60,000 years ago at Diepkloof Rock Shelter, South

Africa. *Proceedings of the National Academy of Sciences of the United States of America*, v. 107, n. 14, p. 6 180-6 185, 2010. Disponível em: https://tinyurl.com/2tev84ju. Acesso em: 27 maio 2025.

51. D'ERRICO, F. *et al.* Pigments from the Middle Palaeolithic levels of Es-Skhul (Mount Carmel, Israel). *Journal of Archaeological Science*, v. 37, n. 12, p. 3 099-3 110, 2010. Disponível em: https://tinyurl.com/493jt7hw. Acesso em: 27 maio 2025.
52. HENSHILWOOD, C. S. *et al.* A 100,000-Year-Old Ochre-Processing Workshop at Blombos Cave, South Africa. *Science*, v. 334, n. 6 053, p. 219-222, 2011. Disponível em: https://tinyurl.com/wjv6c5mj. Acesso em: 27 maio 2025.
53. HENSHILWOOD, C. S. *et al.* Blombos Cave, Southern Cape, South Africa: Preliminary Report on the 1992-1999 Excavations of the Middle Stone Age Levels. *Journal of Archaeological Science*, v. 28, n. 4, p. 421-448, 2001. Disponível em: https://tinyurl.com/4kmxr3yu. Acesso em: 27 maio 2025.
54. VANHAEREN, M. *et al.* Thinking strings: Additional evidence for personal ornament use in the Middle Stone Age at Blombos Cave, South Africa. *Journal of Human Evolution*, v. 64, n. 6, p. 500-517, 2013. Disponível em: https://tinyurl.com/39wkhr8v. Acesso em: 27 maio 2025.
55. AUBERT, M. *et al.* Pleistocene cave art from Sulawesi, Indonesia. *Nature*, v. 514, p. 223-227, 2014. Disponível em: https://www.nature.com/articles/nature13422. Acesso em: 27 maio 2025.
56. HENSHILWOOD, C. S. *et al.* An abstract drawing from the 73,000-year-old levels at Blombos Cave, South Africa. *Nature*, v. 562, p. 115-118, 2018. Disponível em: https://tinyurl.com/munnp9v9. Acesso em: 27 maio 2025.

Coda

1. STRINGER, C. The origin and evolution of *Homo sapiens*. *Philosophical Transactions of the Royal Society Series B: Biological Sciences*, v. 371, n. 1 698 art. 20 150 237, 2016. Disponível em: https://tinyurl.com/43z2muyf. Acesso em: 29 maio 2025.
2. WONG, K. The Morning of the Modern Mind. *Scientific American*, v. 292, p. 86-95, 2005. Disponível em: https://tinyurl.com/5ewuybpm. Acesso em: 29 maio 2025.
3. KLEIN, R. G. Anatomy, Behavior, and Modern Human Origins. *Journal of World Prehistory*, v. 9, n. 2, p. 167-198, 1995. Disponível em: https://www.jstor.org/stable/25801075. Acesso em: 29 maio 2025.
4. KLEIN, R. G. Archeology and the evolution of human behavior. *Evolutionary Anthropology*, v. 9, n. 1, p. 17-36, 2000. Disponível em: https://tinyurl.com/jczhac6r. Acesso em: 29 maio 2025.
5. LIU, W. *et al.* The earliest unequivocally modern humans in southern China. *Nature*, v. 526, p. 696-699, 2015. Disponível em: https://www.nature.com/articles/nature15696. Acesso em: 29 maio 2025.

6. HARVATI, K. *et al.* Apidima Cave fossils provide earliest evidence of *Homo sapiens* in Eurasia. *Nature,* v. 571, n. 7766, p. 500-504, 2019. Disponível em: https://tinyurl.com/3ab478dz. Acesso em: 29 maio 2025.
7. SLIMAK, L. *et al.* Modern human incursion into Neanderthal territories 54,000 years ago at Mandrin, France. *Science Advances,* v. 8, n. 6, eabj9496, 2022. Disponível em: https://tinyurl.com/bdzvxwsa. Acesso em: 29 maio 2025.
8. MICHEL, V. *et al.* The earliest modern *Homo sapiens* in China? *Journal of Human Evolution,* v. 101, p. 101-104, 2016. Disponível em: https://tinyurl.com/mwnfskj3. Acesso em: 29 maio 2025.
9. D'ERRICO, F. *et al.* Neanderthal Acculturation in Western Europe? A Critical Review of the Evidence and Its Interpretation. *Current Anthropology,* v. 39, n. S1, p. S1-S44, 1998. Disponível em: https://tinyurl.com/zr9cpjfa. Acesso em: 29 maio 2025.
10. HIGHAM, T. *et al.* Chronology of the Grotte du Renne (France) and implications for the context of ornaments and human remains within the Châtelperronian. *Proceedings of the National Academy of Sciences of the United States of America,* v. 107, n. 47, p. 20234-20239, 2010. Disponível em: https://tinyurl.com/4r6mj3ay. Acesso em: 29 maio 2025.
11. MELLARS, P. Neanderthal symbolism and ornament manufacture: the bursting of a bubble? *Proceedings of the National Academy of Sciences of the United States of America,* v. 107, n. 47, p. 20147-20148, 2010. Disponível em: https://tinyurl.com/3563z87x. Acesso em: 29 maio 2025.
12. CARON, F. *et al.* The Reality of Neandertal Symbolic Behavior at the Grotte du Renne, Arcy-sur-Cure, France. *PLOS ONE,* v. 6, n. 6, e21545, 2011. Disponível em: https://tinyurl.com/yec65ukp. Acesso em: 29 maio 2025.
13. WHITE, R. Personal ornaments from the Grotte du Renne at Arcy-sur-Cure. *Athena Review,* v. 2, n. 4, p. 41-46, 2001. Disponível em: https://tinyurl.com/m8a677wh. Acesso em: 29 maio 2025.
14. HOFFMANN, D. L. *et al.* Symbolic use of marine shells and mineral pigments by Iberian Neandertals 115,000 years ago. *Science Advances,* v. 4, n. 2, eaar5255, 2018. Disponível em: https://tinyurl.com/mwj23r3j. Acesso em: 29 maio 2025.
15. HOFFMANN, D. L. *et al.* U-Th dating of carbonate crusts reveals Neandertal origin of Iberian cave art. *Science,* v. 359, n. 6378, p. 912-915, 2018. Disponível em: https://tinyurl.com/hjaxzjad. Acesso em: 29 maio 2025.
16. PRÜFER, K. *et al.* The complete genome sequence of a Neanderthal from the Altai Mountains. *Nature,* v. 505, p. 43-49, 2014. Disponível em: https://www.nature.com/articles/nature12886. Acesso em: 29 maio 2025.
17. WEAVER, T. D., ROSEMAN, C. C., STRINGER C. B. Close correspondence between quantitative- and molecular-genetic divergence times for Neandertals and modern humans. *Proceedings of the National Academy of Sciences of the United States of America,* v. 105, n. 12, p. 4645-4649, 2008. Disponível em: https://tinyurl.com/3hea9ahh. Acesso em: 29 maio 2025.

18. STRINGER, C. Evolution: What makes a modern human. *Nature*, v. 485, p. 33-35, 2012. Disponível em: https://www.nature.com/articles/485033a. Acesso em: 29 maio 2025.

19. ENDICOTT, P.; HO, S. Y. W.; STRINGER, C. Using genetic evidence to evaluate four palaeoanthropological hypotheses for the timing of Neanderthal and modern human origins. *Journal of Human Evolution*, v. 59, n. 1, p. 87-95, 2010. Disponível em: https://tinyurl.com/ajez7fs3. Acesso em: 29 maio 2025.

20. MEYER, M. *et al.* Nuclear DNA sequences from the Middle Pleistocene Sima de los Huesos hominins. *Nature*, v. 531, p. 504-507, 2016. Disponível em: https://www.nature.com/articles/nature17405. Acesso em: 29 maio 2025.

21. NEUBAUER, S.; HUBLIN, J.-J.; GUNZ, P. The evolution of modern human brain shape. *Science Advances*, v. 4, n. 1, eaao5961, 2018. Disponível em: https://tinyurl.com/ycyvmcac. Acesso em: 29 maio 2025.

22. HUBLIN, J.-J. *et al.* New fossils from Jebel Irhoud, Morocco and the pan-African origin of *Homo sapiens*. *Nature*, v. 546, p. 289-292, 2017. Disponível em: https://www.nature.com/articles/nature22336. Acesso em: 29 maio 2025.

Sobre os autores

Arquivo pessoal

Walter Neves

É arqueólogo, antropólogo evolucionista brasileiro e professor aposentado do Departamento de Genética e Biologia Evolutiva do Instituto de Biociências da Universidade de São Paulo (USP).

É um dos cientistas mais respeitados e populares do Brasil, sobretudo após suas descobertas em torno de Luzia, o esqueleto humano mais antigo das Américas, e seu povo, que ensejaram a formulação de um novo modelo de ocupação do continente americano. É também um dos investigadores brasileiros mais prestigiados no exterior. Como arqueólogo e antropólogo, atua e desenvolve pesquisas em várias áreas do conhecimento, incluindo a Antropologia Biológica, a Paleoantropologia, a Antropologia Ecológica, a Arqueologia Pré-Histórica e a Paleontologia.

Arquivo pessoal

Eliane Sebeika Rapchan

Antropóloga social, há mais de vinte anos transita entre a Primatologia, a Etnoprimatologia, a Paleoantropologia, a Arqueologia, a Antropologia Evolutiva, Ecológica e Ambiental, além das humanidades ambientais e os estudos animais. É pesquisadora pós-doutoral do Centro de Estudos Sociais (CES) da Universidade de Coimbra, pesquisadora colaboradora do Laboratório de Arqueologia, Antropologia Ambiental e Evolutiva da Universidade de São Paulo (LAAAE-USP) e professora voluntária no Programa de Pós-Graduação em Ciências Sociais da Universidade Estadual de Maringá (PGC-UEM). Publicou mais de trinta artigos em periódicos de alto impacto no Brasil e no exterior, além de alguns livros.

Arquivo pessoal

Lukas Blumrich

É doutorando em Pediatria pela Faculdade de Medicina da USP e tem profundo interesse pelos estudos da evolução humana. É membro do Núcleo de Pesquisa e Divulgação em Evolução Humana e, em conjunto com o professor Walter Neves, desenvolve trabalhos de divulgação científica.

Caderno iconográfico

Figura 2.1: Exemplos de lâminas do Paleolítico Superior, provenientes do sítio de Solvieux, sul da França. **(p. 58)**

Figura 2.2: Ferramentas líticas do sítio de Solvieux, sul da França, pertencentes ao período Paleolítico Superior. A maioria é feita sobre lâminas de pedra. **(p. 58)**

Figura 2.3: Agulha feita de osso, encontrada na caverna de Gourdan, França, datada do Paleolítico Superior. **(p. 58)**

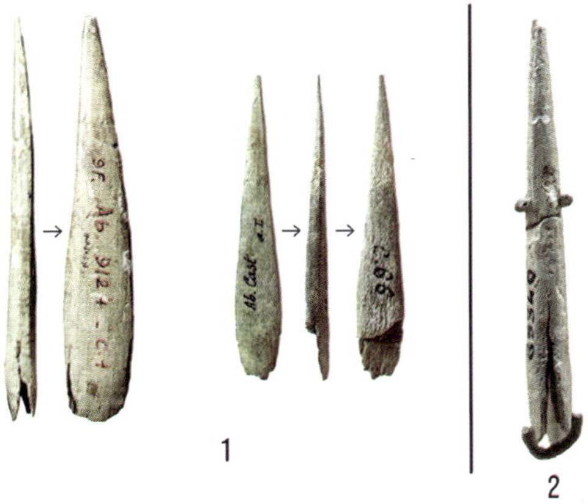

Figura 2.4: Exemplos de pontas ósseas com base bifurcada. **(p. 58)**

Figura 2.5: Da esquerda para a direita: Vênus de Willendorf, encontrada na Áustria e datada de 30 mil anos; Vênus de Hohle Fels, encontrada na Alemanha e datada entre 40 mil e 35 mil anos; e Vênus de Dolni Vestonice, encontrada na República Tcheca, datada entre 29 mil e 25 mil anos. **(p. 59)**

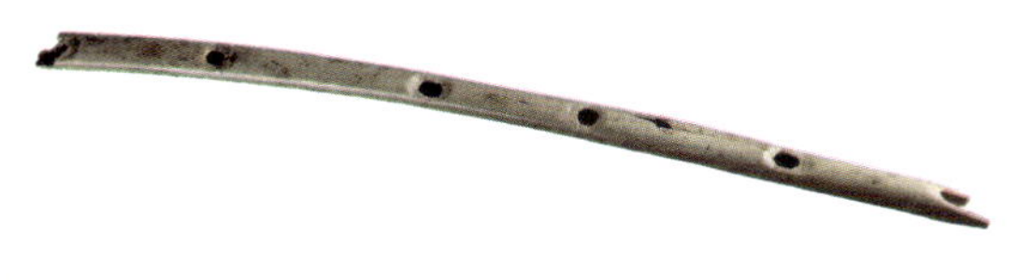

Figura 2.6: Flauta feita de osso de ave, encontrada em Hohles Fels, Alemanha, e datada de 35 mil anos. **(p. 59)**

Figura 2.7: Exemplos de pinturas rupestres do Paleolítico Superior. No sentido de cima para baixo: painel representa um bisão na caverna de Altamira, Espanha, datado de 15 mil anos atrás; painel de 20 mil anos na caverna de Lascaux, França; painel dos Rinocerontes, na caverna de Chauvet, França, datado de cerca de 32 mil anos atrás; painel mostra diversos animais na caverna de Chauvet, França, datado de 32 mil anos. **(p. 59)**

Figura 2.8: Escultura com a forma de um leão, encontrada na caverna Vogelherd, próxima a Heidenheim, Alemanha, datada de 40 mil anos. **(p. 59)**

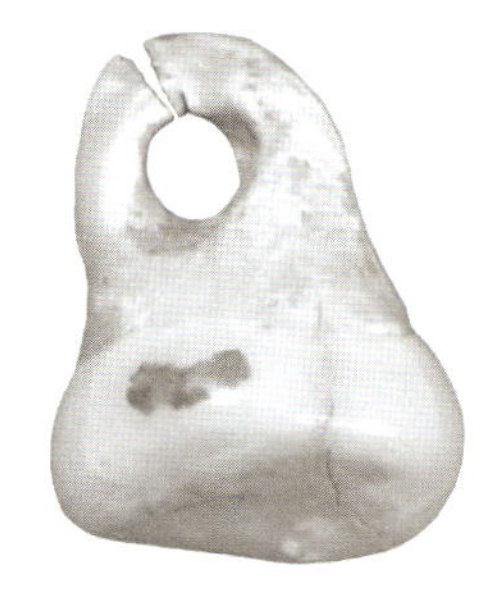
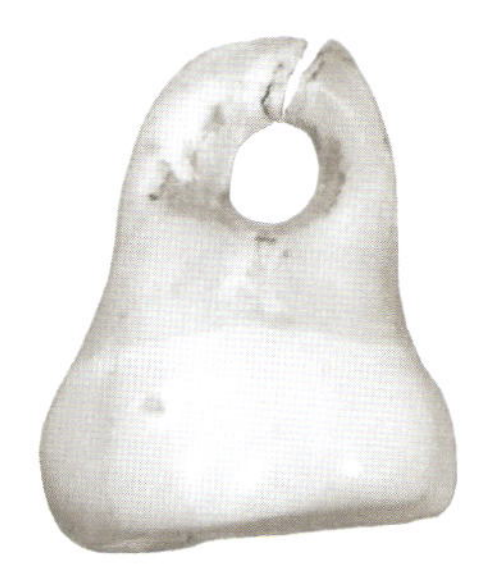

Figura 2.9: Dentes humanos perfurados e utilizados como ornamento, encontrados no sítio de Isturitz, França, pertencentes ao período Paleolítico Superior. **(p. 59)**

Figura 2.10: Detalhes de homem-leão (*löwenmensch*), encontrado em Hohlenstein--Stadel, Alemanha, em 1939 e datado entre 40 mil e 35 mil anos atrás. **(p. 59)**

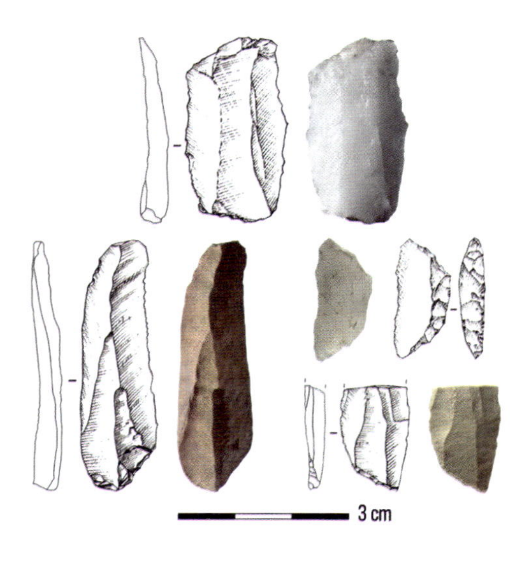

Figura 2.11: Exemplos de ferramentas da indústria Howiesons Poort, África, pertencentes ao período da Idade da Pedra Média. **(p. 59)**

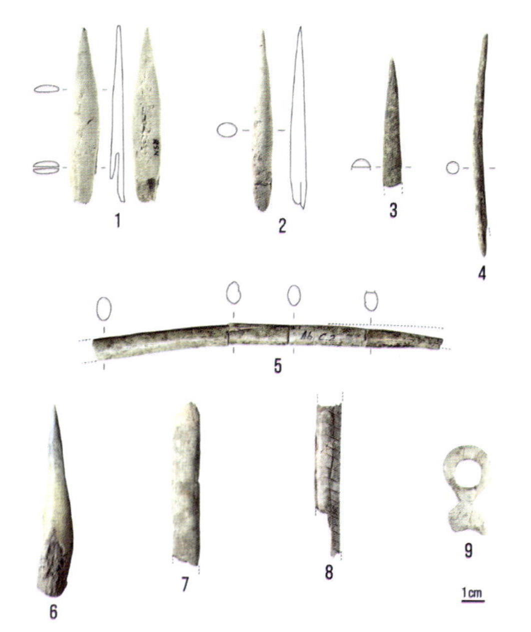

Figura 2.12: Exemplos de ferramentas ósseas do Paleolítico Superior. 1 e 2: pontas ósseas com base bifurcada (de chifre de cervídeo). 3 e 4: pontas de marfim. 5: vara de marfim. 6: furador de osso. 7: amaciador de osso. 8: tubo de osso decorado. 9: pingente de marfim. **(p. 58)**

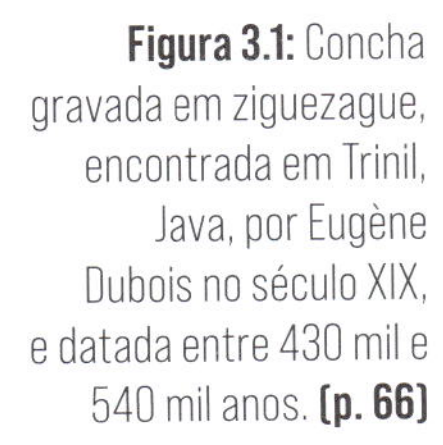

Figura 3.1: Concha gravada em ziguezague, encontrada em Trinil, Java, por Eugène Dubois no século XIX, e datada entre 430 mil e 540 mil anos. **(p. 66)**

Figura 3.2: "Estatueta" de Berekhat Ram, oriunda de níveis estratigráficos datados entre 233 mil e 470 mil anos atrás. **(p. 66)**

Figura 3.3: "Estatueta" de Tan-Tan, encontrada na cidade de Tan-Tan, Marrocos, datada entre 300 mil e 500 mil anos. **(p. 67)**

Figura 3.4: Fragmentos de hematita encontrados em Olorgesailie, sul do Quênia, com datação estimada entre 320 mil e 295 mil anos. **(p. 69)**

Figura 3.5: Conchas perfuradas encontradas em Cueva de los Aviones, Espanha, e datadas em cerca de 50 mil anos. **[p. 69]**

Figura 3.6: Manchas milimétricas de óxido de ferro encontradas no sedimento do sítio C, em Maastricht-Belvédère, Países Baixos, datadas entre 220 mil e 250 mil anos atrás. **[p. 70]**

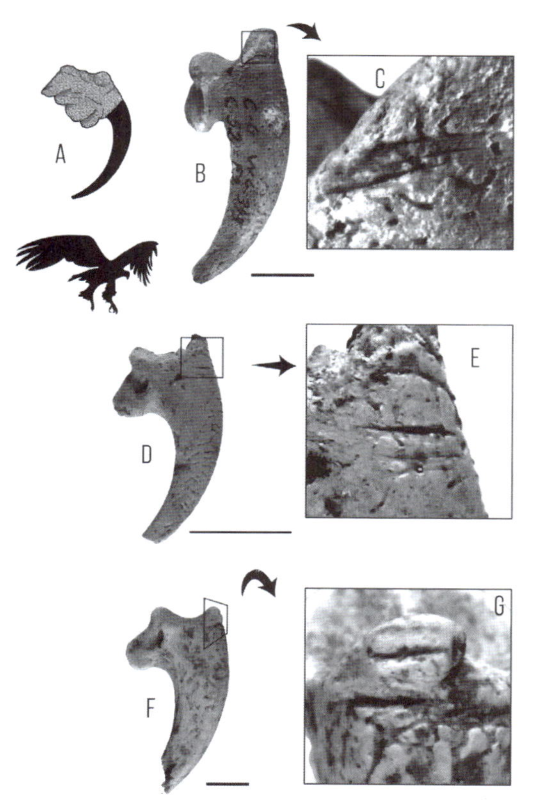

Figura 3.7: A: esquema de garra de águia-dourada completamente desenvolvida. De B a G: garras de águias removidas e marcadas com cortes (B e C: águia-dourada, encontrada em Combe Grenal; de D a G: águia-rabalva, encontrada em Les Fieux). **(p. 71)**

Figura 3.8: Concha perfurada e tingida de ocre, encontrada na Caverna de Fumane, Itália, com datação estimada entre 45 mil e 47 mil anos. **(p. 73)**

Figura 3.9: Gravação em forma de jogo da velha, encontrada na Caverna de Gorham, em Gibraltar (Espanha), associada a níveis musterienses. **(p. 74)**

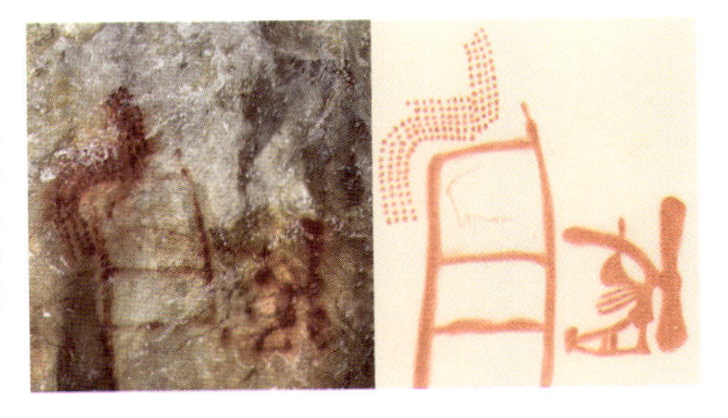

Figura 3.10: Desenhos geométricos encontrados em La Pasiega, na Cantábria (Espanha), datados de mais de 65 mil anos. **(p. 75)**

Figura 3.11: Estênceis de mãos, encontrados em Maltravieso, na Extremadura (Espanha). **(p. 75)**

Figura 3.12: Espeleotemas cobertos por tinta vermelha, encontrados em Ardales, na Andaluzia (Espanha), datados de mais de 65 mil anos. **(p. 75)**

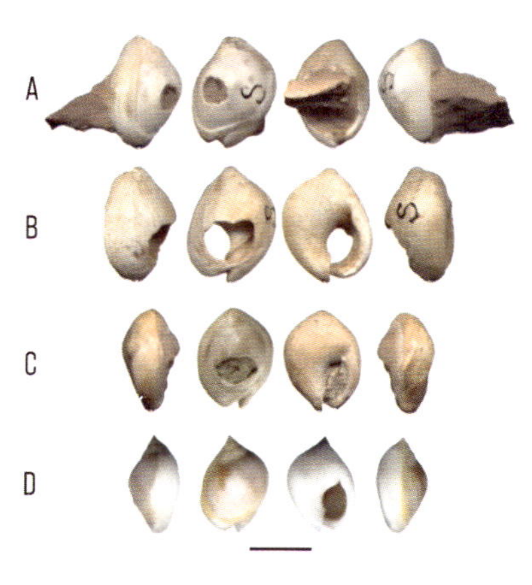

Figura 3.13: Conchas de N. gibbosulus encontradas em Es-Skhul, Israel (A e B), Oued Djebbana, Argélia (C) e em uma praia atual (D). **(p. 79)**

Figura 3.14: Conchas perfuradas encontradas em Grotte des Pigeons e em Berkane (Marrocos), datadas em cerca de 80 mil anos. **(p. 80)**

Figura 3.15: Figuras geométricas gravadas em fragmento de hematita encontrado no sítio de Blombos, África do Sul, oriundo de níveis estratigráficos datados entre 75 mil e 100 mil anos. **[p. 81]**

Figura 3.16: Fragmentos de casca de ovos de avestruz decorados, encontrados em Diepkloof, África do Sul, e datados de cerca de 60 mil anos. **[p. 82]**

Figura 3.17: *Kit* de produção de pigmentos encontrado em Blombos, África do Sul, datado em cerca de 100 mil anos. **[p. 84]**

Figura 3.18: Conchas perfuradas encontradas em Blombos, África do Sul, com datação entre 75 mil e 100 mil anos. **(p. 85)**

Figura 3.19: Estênceis de mãos encontrados em Maros, na península de Sulawesi (Indonésia), datados de 40 mil anos. **(p. 86)**

Figura 3.20: Lasca de silcreto decorada com hachuras feitas com *crayon* de hematita, oriunda de Blombos, África do Sul, datada entre 73 mil e 77 mil anos atrás. **(p. 86)**

Créditos das figuras

Capítulo 2

Figura 2.1: http://www.lithiccastinglab.com/gallery-pages/aurignacianbladetriplesolvlarge.htm e http://www.lithiccastinglab.com/gallery-pages/aurignaccrestedbladesolvlarge.htm
Figura 2.2: http://www.lithiccastinglab.com/gallery-pages/aurignaciangrouplarge.htm
Figura 2.3: Didier Descouens – Wikimedia Commons (Licença: CC-BY-SA-4.0)
Figura 2.4: [1] É. Tartar (https://journals.openedition.org/palethnologie/706) [2] Don Hitchcock (https://www.donsmaps.com/aurignacian.html)
Figura 2.5: Oke / Wikimedia Commons (Licença: CC-BY-SA-4.0); Ramessos / Wikimedia Commons (Licença: CC-BY-SA-3.0); Petr Novák, Wikipedia (Licença: CC-BY-SA-2.5)
Figura 2.6: Universidade Tubingen (https://www.spektrum.de/news/aelteste-floete-vom-hohle-fels/999323)
Figura 2.7: Rameessos; Prof saxx (Licença: CC BY-NC-SA) Patilpv25 (Licença: CC BY-SA) Thomas T (Licença: CC BY-NC-SA)
Figura 2.8: Walter Geiersperger / Getty Images (https://www.thoughtco.com/what-is-portable-art-172101)
Figura 2.9: Randall White e Christian Normand (Licença: CC BY-NC-ND 4.0)
Figura 2.10: Dagmar Hollmann / Wikimedia Commons (Licença: CC BY-SA 4.0) e Thilo Parg / Wikimedia Commons (Licença: CC BY-SA 3.0)
Figura 2.11: Anne Delagnes e Gauthier Devilder (https://www.eurekalert.org/multimedia/753888)
Figura 2.12: É. Tartar [3-7, 9], C. Weber © CNRA-MNHA Luxembourg [1, 2], P. Guenat © Musée des beaux-arts de Dole [8] – Fonte: https://journals.openedition.org/palethnologie/706 (Licença: CC BY-NC-ND 4.0)

Capítulo 3

Figura 3.1: https://www.smithsonianmag.com/science-nature/oldest-engraving-shell-tools-zigzags-art-java-indonesia-humans-180953522/
Figura 3.2: https://www.amusingplanet.com/2016/10/venus-of-berekhat-ram-worlds-oldest.html
Figura 3.3: https://www.amusingplanet.com/2016/10/venus-of-berekhat-ram-worlds-oldest.html
Figura 3.4: https://www.smithsonianmag.com/science-nature/colored-pigments-and-complex-tools-suggest-human-trade-100000-years-earlier-previously-believed-180968499/
Figura 3.5: https://www.researchgate.net/figure/Cueva-de-los-Aviones-Cartagena-Spain-Perforated-shells-from-Mousterian-level-II-1_fig4_278715782
Figura 3.6: Fonte: https://www.pnas.org/content/109/6/1889
Figura 3.7: Fonte: https://www.researchgate.net/figure/A-example-of-a-fully-fleshed-golden-eagle-digit-B-G-show-cutmarked-terminal-phalanges_fig2_221689596
Figura 3.8: Fonte: https://web.archive.org/web/20210921102924/https://gizmodo.com/more-evidence-that-neanderthals-made-jewelry-and-art-819314356
Figura 3.9: Fonte: http://www.sci-news.com/archaeology/science-neanderthal-engraving-gorhams-cave-02168.html
Figura 3.10: Fonte: https://www.latimes.com/science/sciencenow/la-sci-sn-neanderthals-were-artists-20180222-htmlstory.html
Figura 3.11: Fonte: https://www.donsmaps.com/neanderthalart.html
Figura 3.12: Fonte: https://www.theverge.com/2018/2/22/17041426/neanderthals-cave-painting-spain-uranium-dating
Figura 3.13: http://science.sciencemag.org/content/312/5781/1785/tab-figures-data
Figura 3.14: Fonte: http://humanorigins.si.edu/evidence/behavior/art-music/jewelry/ancient-shell-beads
Figura 3.15: Stephen Alvarez, Alvarez Photography
Figura 3.16: Fonte: https://the-avocado.org/2020/11/09/ancient-art-the-diepkloff-eggshells-november-10-night-thread/
Figura 3.17: Fonte: http://www.earthtimes.org/scitech/100000-year-ochre-toolkit-workshop-blombos-cave/1519/
Figura 3.18: Fonte: https://www.donsmaps.com/blombos.html
Figura 3.19: Fonte: https://commons.wikimedia.org/wiki/File:Hands_in_Pettakere_Cave.jpg
Figura 3.20: Fonte: https://www.uib.no/sites/w3.uib.no/files/styles/content_main_wide_1x/public/tegning_0.jpg?itok=qJS58sgb×tamp=1579195494

Os links indicados foram acessados em: 2 abr. 2025.